全国高等院校医学实验教学规划教材

生物化学与分子生物学实验指导

主　编　肖永红　　李　倩

副主编　王贞香　　安　琼

编　委　（按姓氏汉语拼音排序）

安　琼　李　倩　王贞香　肖永红

科学出版社

北　京

内 容 简 介

本教材精选部分常用生物化学实验，涵盖生物化学实验技术的各个方面，以定量实验为主，特别注重医学生物化学技术的基本原理、临床应用，另外还增加了一些分子生物学的实验方法。本书内容分为三部分：生物化学实验室的基本要求、常用的基本生物化学技术和学生实验项目。通过这些实验的全过程训练，学生能够从多方面对这些生化技术有比较全面的认识，理解这些技术的意义及用途。

本书适用于应用型高等医学院校的医学各专业及相关专业，也可作为实验室人员的培训教材。

图书在版编目（CIP）数据

生物化学与分子生物学实验指导 / 肖永红，李倩主编. —北京：科学出版社，2017.1

全国高等院校医学实验教学规划教材

ISBN 978-7-03-051545-2

Ⅰ.①生… Ⅱ.①肖… ②李… Ⅲ.①生物化学–实验–高等学校–教学参考资料②分子生物学–实验–高等学校-教学参考资料 Ⅳ.①Q5-33②Q7-33

中国版本图书馆 CIP 数据核字（2017）第 002532 号

责任编辑：朱 华 / 责任校对：张怡君
责任印制：徐晓晨 / 封面设计：陈 敬

科 学 出 版 社 出版
北京东黄城根北街 16 号
邮政编码：100717
http://www.sciencep.com

北京厚诚则铭印刷科技有限公司 印刷
科学出版社发行 各地新华书店经销

*

2017 年 1 月第 一 版 开本：787×1092 1/16
2018 年 1 月第三次印刷 印张：9 1/4
字数：214 000

定价：39.80 元
（如有印装质量问题，我社负责调换）

前　　言

生物化学的飞速发展，在很大程度上有赖于生物化学实验技术的快速进步。生物化学实验技术主要应用化学、物理学及生物学的原理及方法而建立起来的，后来又融入了生理学、微生物学、遗传学及免疫学等学科的理论和技术，具有较强的理论性和实践性。生物化学实验是医学院校大多数专业的专业基础课/必修课。因此，学生在学习生物化学理论的同时，应该对生物化学实验技术有所了解与掌握。

生物化学实验技术发展很快，种类很多，要在短时间内全面掌握是不现实的。但是学生能对一些常用的基本生物化学实验方法和相关理论，通过亲手操作、观察实验现象、记录实验数据及对实验结果的讨论分析等手段，既有助于学生对生物化学理论知识的进一步巩固、理解和初步应用，又有利于锻炼学生的动手能力和知识的综合应用能力。为将来进一步学习临床课程乃至临床工作，或开展一些医学研究工作奠定一定基础。

本教材选择了一些常用生物化学实验方法，供学生操作，其中包括了生物化学实验技术的各个方面，以定量实验为主，特别注重了医学生物化学技术的基本原理、临床应用，希望学生通过这些实验的全过程训练后，能够从多方面理解这些技术的意义及用途，能对这些生化技术有比较全面的认识。随着生物化学的发展，分子生物学实验技术也越来越多地应用到生化的研究领域。在本教材编写的实验指导中增加了一些分子生物学的实验方法，目的是让学生对分子生物学实验有所了解，同时，对生物化学研究发展方向也有所知晓。因此，本讲义共选择三部分内容：第一部分：生物化学实验室的基本要求；第二部分：常用的基本生物化学技术；第三部分：学生实验项目。

由于受学时数的限制，本教材未能把生物化学所有的实验技术都编入其中，只局限于一部分对医学生学习生物化学可能会有帮助的实验。另外，限于我们业务技术水平等原因，本实验指导可能存在一些缺点和不够完善之处，敬请批评、指正。

编　者
2016 年 12 月

目　　录

第一篇　生物化学与分子生物学实验基本要求

第一章　实验室安全规则

第一节　实 验 规 则

（1）每个同学都应该自觉遵守课堂纪律，维护课堂秩序，进入实验室前必须穿戴好实验服，实验室内保持安静，严禁大声喧哗；无故不得迟到、早退，不得在实验室内吸烟。

（2）实验前必须认真预习，了解本次实验的目的、原理、操作步骤，懂得每一操作步骤的意义和了解所用仪器的使用方法，否则不能开始实验。

（3）实验过程中按照教材和指导教师的指导，严肃认真地按操作规程进行实验，实验过程中若有疑问或遇见问题，请及时询问教师，切勿自己盲目处理。并把实验结果和数据及时、如实记录在实验记录本上，文字要简练、准确。完成实验后经指导教师检查同意，方可离开实验室。

（4）实验台面应随时保持整洁，仪器、药品摆放整齐。使用药品、试剂和各物品必须注意节约。实验试剂取用完毕后应及时归放原位，及时盖好试剂瓶盖，避免实验试剂被污染。公用试剂用完后，应立即盖严放回原处，不得私自占用。勿使试剂、药品洒在实验台面和地上。实验完毕，仪器洗净放好，将实验台面抹拭干净，才能离开实验室。

（5）不得在实验室内用餐，不准用实验室的容器盛放食物，不能在实验室的冰箱内存放食物，不准在实验室的微波炉中热饭，严禁实验室的任何试剂入口。

（6）实验室内注意用水、用电的安全，加热用的电炉应随用随关，严格做到：人在炉火在，人走炉火关。乙醇、丙酮、乙醚等易燃品不能直接加热，并要远离火源操作和放置。强酸、强碱、有毒及腐蚀性试剂的使用要特别注意，要戴手套进行操作。不得将高温、强酸、强碱、有毒及腐蚀性试剂抛洒在实验台上，避免伤害性事故的发生。实验完毕，应立即拔去电炉开关和关好水龙头，拉下电闸。离开实验室以前认真、负责地进行检查水电，严防发生安全事故。

（7）实验废弃物应分类处理，一般性液体废弃物可倒入水池，并放水冲走；强酸、强碱可在稀释后倒入水槽并放水冲走，有毒或腐蚀性试剂应倒入指定的废液瓶中集中处理；动物尸体、血液标本等应放入指定的容器中集中处理。废纸屑及其他固体废物和带渣滓的废物倒入废品缸内；不能倒入水槽或到处乱扔。

（8）要精心使用和爱护仪器，洗涤和使用仪器时，应小心仔细，防止损坏仪器。使用贵重精密仪器时，应严格遵守操作规程，文明使用，发现故障立即报告指导教师，不得擅自动手检修。如使用分光光度计时，不能将比色杯直接置于分光光度计上，并注意拿放比色杯时，不要打碎。仪器损坏时，应如实向指导教师报告，并填写损坏仪器登记表，然后补领。如人为因素引起的实验仪器设备损坏将按照规定进行赔偿。

（9）实验室内一切物品，未经本室负责指导教师批准，严禁带出室外，借物必须办理登记手续。

（10）每次实验课由班长或课代表负责安排值日生。值日生的职责是负责当天实验室的卫生、安全和一切服务性的工作。

第二节　实验室安全和注意事项

实验的参与人员必须时刻把实验室安全放在首位，严格遵守实验室的规章制度和实验操作规范。

（1）实验操作过程中凡遇有能产生烟雾或有毒性腐蚀性气体时，应放在通风橱内进行，并戴口罩和手套。如果实验室内无此种设施，则必须注意及时打开窗户通气。

（2）以吸量管取用试剂应使用吸耳球。对于剧毒或有腐蚀性的试剂的取用更要注意安全，应使吸量管的尖端固定在液面下适当的位置，以防试剂进入吸耳球。如果不慎已吸入球内，则应随时洗净晾干。

（3）乙醚、乙醇、丙酮、氯仿等易燃试剂不可直接放在火源上蒸煮，以防容器破裂而引起火灾。遇有火险绝不要慌乱，应根据火情妥善处理。如系少量试剂引起的小火，可用湿抹布轻轻盖住即可熄灭；如已酿成大火，则应首先关闭电源（如实验室建筑有自动灭火装置，则不可关闭电源！），用二氧化碳灭火机或粉末灭火机扑灭（千万不可用水或酸碱泡沫灭火机灭火！）；如果衣服着火，切勿惊慌，可以跑到室外就地打滚即可将身上的火扑灭。

（4）含有强腐蚀性试剂、毒害试剂的实验废液、生物标本等不能随意倒入下水道，须妥善处理。

第三节　应　急　处　理

实验室应急处理，即实验室意外事故的急救。

1. 皮肤灼伤处理　皮肤不慎被强酸、溴、氯等物质灼伤时，应用大量自来水冲洗，然后再用5%碳酸氢钠溶液洗涤。

2. 强酸溶液进入口内的处理　应立即用清水或 0.1 mol/L 氢氧化钠溶液漱口，再服用氯化镁、镁乳等和牛奶混合剂数次，每次约 200ml；或服用万应解毒剂（配法：木炭末 2 份、氧化镁 1 份及鞣酸 1 份混合而成）1 茶匙。但不宜服用碳酸钠溶液，以免因和酸作用而产生过量气体反而加剧对胃的刺激。

3. 强碱溶液进入口内的处理　立即用大量清水或 5%的硼酸溶液漱口，再服用 5%乙酸溶液适量，或服用上述万应解毒剂 1 茶匙。

4. 石炭酸类物质进入口内的处理　立即用 30%～40%乙醇漱口，然后再服用 30%～40%乙醇适量，并设法尽可能将胃内容物呕吐出。

5. 氰化物进入口内的处理　应立即用大量清水漱口，再服用 3%过氧化氢溶液适量；静脉注入 1%亚甲蓝（美蓝）20ml，再吸入亚硝酸异戊酯，并注意呼吸情况，必要时可进行人工呼吸。

6. 汞及汞类化合物进入口内的处理　应立即服用生鸡蛋或牛奶若干，再设法使胃内容物尽量呕吐出来。

7. 碘酒或碘化合物进入口内的处理　应立即服用米汤或淀粉若干，再设法使胃内容物尽量呕吐出来。

8. 酸、碱等化学试剂溅入眼内的处理　先用自来水或蒸馏水冲洗眼部，如溅入酸类物质则可再用5%碳酸氢钠溶液仔细冲洗；如系碱类物质，可以用2%硼酸溶液冲洗，然后滴1~2滴油性物质起滋润保护作用。

9. 被电击的处理　生化实验室内电器设备众多，如某项设备漏电，使用中则有触电危险。如有人不慎触电，首先应立即切断电源。在没有断开电源时绝不可赤手去拉触电者，宜迅速用干木棒、塑料棒等绝缘物把导电物与触电者分开，然后对触电者进行抢救。若发现触电者已失去知觉或已停止呼吸，则应立即施行人工呼吸；待有了呼吸即可移至空气新鲜、温度适中的房间里继续进行抢救。

10. 酸、碱等化学试剂溅洒在衣服鞋袜上的处理　强酸或强碱类物质洒在衣服鞋袜上，应立即脱下用自来水浸泡冲洗；溅洒物如系苯酚类物质，而衣服又是化纤织物，则可先用60%~70%酒精擦洗被溅处，然后再将衣物放清水中浸泡冲洗。

以上仅是一般应急处理方法，重症者应送医院急诊室处理。

第二章 实验设计与实验报告

第一节 实验设计

一、实验设计的基本要素

1. 实验对象 实验对象选择的合适与否直接关系到实验实施的难度,以及对实验新颖性和创新性的评价。医学实验的对象通常包括实验动物、人、细胞、细菌和病毒等,一个完整的实验设计中所需实验材料的总数称为样本含量。要根据特定的设计类型估计出较合适的样本含量。

2. 实验对象的分组 实验对象的设组一般有实验组和对照组,分组时遵循随机原则。每个组内的样品数目必须符合基本的统计分析的要求。实验动物分组也需符合基本的实验动物饲养原则,避免分组后实验对象的数量对实验结果产生影响。

3. 实验因素 实验因素是指作用于实验对象及对实验结果产生影响的因素,影响的主要因素有:

(1)处理因素:外部施加给实验对象的因素,如处理试剂或药品等的剂量、浓度、作用时间等。

(2)干扰因素:实验对象自身的因素如年龄、性别、体重,又如动物的窝别或批次等。

4. 实验效应 实验因素作用于实验对象后出现的效应即实验效应。实验效应是反映实验因素作用强弱的标志,必须通过具体的指标来体现。指标的选择要尽可能多地选择客观性强的指标。同时也要考虑指标的灵敏度与特异性、精确性等。只有这样才能对实验结果进行准确分析,从而大大提高实验结果的可信度。

二、实验设计的原则

实验设计的主要原则包括:对照、随机、重复及均衡。此外,实验设计时也要综合考虑弹性原则、最经济原则以及专业上需要考虑的一些原则。

1. 对照原则 通常一个实验分为实验组和对照组。实验组是接受实验因素处理的对象组;对照组是不接受实验因素处理的对象组。至于哪个作为实验组,哪个作为对照组,一般是随机决定的。从理论上说,由于实验组与对照组所受到的无关因素的影响是相等的、被平衡了的(即可减少或消除实验误差),故实验组与对照组两者的差异则可认定为是来自实验因素的效果。这样的实验结果是可信的。

对照组的设计包括多种形式,可根据实验目的和内容加以选择。对照主要包括以下几种:

(1)空白对照:又称为正常对照(或阴性对照)。空白对照组不加任何处理因素。

(2)自身对照:对照与实验在同一实验对象上进行。如同一实验对象用药前后的对比、先用甲药再用乙药的对比。

（3）组间对照：也称为相互对照，是指几个实验组之间相互对照，而不单独设对照组。如用几种药物治疗某疾病，比较这几种药物的治疗效果。

（4）标准对照：通常指将实验组结果与标准值或正常值对比。实验设计时通常可采用公认（或效果确切，能得出阳性结果）的方法作为参照。在方法学评价时，标准对照（或阳性对照）有重要意义。

实验对照原则是设计和实施实验的准则之一。通过设置实验对照对比，即可排除无关变量的影响，又可增加实验结果的可信度和说服力。

2. 随机原则　随机原则是指实验样本的抽取是在实验对象的总体中随机抽取的。如果在同一实验中存在多个处理因素，则各因素作用顺序的机会也是均等的。简单地说，随机原则的概念包括随机抽样、随机分组、随机实验顺序。

3. 重复原则　重复原则即控制某种因素的变化幅度，在相同实验条件下做多次独立重复实验，观察其对实验结果影响的程度。任何实验都必须能够重复，这是具有科学性的标志。一般认为重复 5 次以上的实验才具有较高的可信度。

4. 均衡原则　均衡是指在相互比较的各组间，除了要考虑施加的处理因素条件一致外，其余因素特别是可能影响实验结果的干扰因素要尽量相同。如动物实验要求各组间动物的数量、种系、性别、年龄、体重、毛色等要尽量一致，实验仪器、药品、时间等方面也应一致，这样才能有效减少实验误差。

第二节　实验记录及实验报告

每次实验要做到课前认真预习，实验操作中仔细观察并如实记录实验现象与数据，课后及时完成实验报告。

一、课前预习

实验课前要将实验名称、目的和要求、实验内容与原理、操作方法和步骤等简单扼要地写在记录本中，做到心中有数。

二、实验记录

从实验课开始就要培养严谨科学作风，养成良好习惯。实验条件下观察到的现象应仔细地记录下来，实验中观测的每个结果和数据都应及时如实地直接记在记录本上，记录时必须做到原始记录准确、简练、详尽、清楚。如称量试材样品的重量、滴定管的读数、分光光度计的读数等，都应设计一定的表格准确记下正确的读数，并根据仪器的精确度准确记录有效数字。例如，光密度值为 0.050，不应写成 0.05。每一个结果至少要重复观测两次以上，当符合实验要求并确知仪器工作正常后再写在记录本上。另外，实验中使用仪器的类型、编号以及试剂的规格、化学式、分子量、准确的浓度等，都应记录清楚，以便总结实验完成报告时进行核对和作为查找成败原因的参考依据。如果发现记录的结果有怀疑、遗漏、丢失等，都必须重做实验。

三、实 验 报 告

（一）整理和总结实验结果

实验结束后，应及时整理和总结实验结果，写出实验报告。实验报告的一般格式为：

1. 实验名称　包括实验题目、实验者的详细信息（姓名、学号、班级、同组人员等）及实验日期。

2. 实验目的

3. 实验原理

4. 主要仪器及试剂配制

5. 操作方法与实验步骤、注意事项

6. 实验结果及分析讨论

（二）按照实验内容可分为定性和定量两大类

1. 定性实验　在定性实验报告中，实验名称和目的要求是针对该次实验课的全部内容而必须达到的目的和要求。在完成实验报告时，可以按照实验内容分别填写主要器材与试剂、实验原理、实验步骤及注意事项、实验结果及分析与讨论等。原理部分应简述基本原理；实验操作（或步骤）可以流程简图的方式或自行设计的表格来表示；记录实验数据，得出实验结果；对实验结果进行分析讨论：包括实验结果及观察现象的小结、对实验课遇到的问题和思考题进行探讨以及对实验的改进意见等。

2. 定量实验　在定量实验报告中，实验目的、原理以及操作方法部分应简单扼要的叙述，但是对于实验条件（试剂配制及仪器）和操作的关键环节必须写清楚。对于实验结果部分，应根据实验课的要求将一定实验条件下获得的实验结果和数据进行整理、归纳、分析和对比，并尽量总结成各种图表，如原始数据及其处理的表格、标准曲线图以及比较实验组与对照组实验结果的图表等。另外，还应针对实验结果进行必要的说明和分析。讨论部分可以包括：关于实验方法（或操作技术）和有关实验的一些问题，如实验的正常结果和异常现象以及思考题进行探讨，对于实验设计的认识、体会和建议，对实验课的改进意见等。

第三节　实 验 误 差

生物化学实验是以活的生命体为对象，对生物体内存在的主要大分子物质，如糖、脂肪、蛋白质、核酸等进行定性或定量的分析测定。定性分析是确定存在物质的种类，或粗略计算物质所占的比例；而定量分析则需要确定物质的精确含量。因此分析工作者要根据实验要求对实验结果进行分析和总结，要善于分析和判断结果的准确性，认真查找可能出现误差的原因，并进一步研究减少误差的办法，以不断提高所得结果的准确度。

一般在实验测量过程中都会有误差产生，但在懂得这些误差的可能来源的前提下，多数的误差是可以通过适当的处理来校正的。误差即指一种被测物的测定结果与其真值的不符合性，真值往往是不能确切知道的，通常以多次测定结果的平均数来近似地代表真值。尽管实验的分析方法相当准确，仪器亦很精密，试剂纯度很高，操作者技术很熟练，然而这些都不能使某种物质的测定结果与其真值绝对相符。同一个样本多次重复测定，其结果亦不能完全相同。因此实验中的误差是绝对的。根据误差的来源和性质，通常可分下述三大类。

一、系 统 误 差

系统误差是指一系列测定值存在有相同倾向的偏差，或大于真值，或小于真值，一般是恒定的。多是由于某种确定的原因引起的，在一定条件下可以重复出现，误差的大小一般可以测出。经分析找出原因，可采取一定措施，减少或纠正。

1. 系统误差的来源

（1）方法误差：如用滤纸称量易潮解的药品；做生物实验特别是酶的实验时没有考虑温度的影响等。

（2）仪器误差：如量取液体时，按烧杯的指示线量取液体往往准确度降低，需要用量筒量取；在配制标准溶液时量筒同样不够精确，要选用等体积的容量瓶定容到刻度线；不同的天平其精度差别很大，如果需要称量 100g 以上的物体，使用托盘天平即可，但如称量 1g 的样品，选用扭力天平比较方便，称量 10mg 以内的样品则必须使用感量为万分之一克的分析天平或电子天平称取。

（3）试剂误差：如试剂不纯或蒸馏水不合格，引入微量元素或对测定有干扰的杂质，就会造成一定的误差。

（4）操作误差：如在使用移液管量取液体时，由于每人的操作手法不同，可能会存在一定的操作误差。特别是在读数据时，目光是否平视，视线与液体弯月面是否相切，都可能成为生化实验中造成较大误差的主要原因。

2. 系统误差的校正

（1）仪器校正：在实验前对使用的砝码、容量皿或其他仪器进行校正，对 pH 计、电接点温度计等测量仪器进行标定，以减少误差。

（2）空白实验：在任何测量实验中都应包括有对照的空白实验。用同体积的蒸馏水或样品中的缓冲液代替待测溶液，并严格按照待测液和标准液同法处理，即得到所谓的空白溶液。在最后计算时，应从实验测得的结果中扣除从空白溶液中得到的数值，即可得到比较准确的结果。

二、偶 然 误 差

与系统误差不同，误差的大小，正负是偶然发生的。误差时大时小，时正时负，不固定，一般不可预测。分析的步骤愈多，出现这种误差的机会愈多，所以也不易控制。如遇到这种情况时，应对仪器、试剂、方法作全面的检查。一般生物类实验的影响因素是多方面的。常常由于某些条件，如温度、光照、气流、反应时间、反应体系的微小变化都会引起较大的误差。特别是某些因素的作用机理目前仍不十分清楚，所以有些实验结果重现性较差。偶然误差初看起来似乎没有规律性，但经过多次实验，便可发现偶然误差分布有以下规律。一是正误差和负误差出现的几率相等；二是小误差出现的频率高，二大误差出现的频率较低。因此解决偶然误差主要可通过进行多次平行实验，然后取其平均值来弥补。测试的次数越多，偶然误差的几率就越小。

三、责 任 误 差

这种误差是由于工作人员工作态度不严肃，责任心不强，思想不集中，操作粗枝大叶所引起的，这种误差是可以避免的。对于初做生物化学实验的工作者来说是经常发生的。如加错试剂、在配制标准溶液时固体溶质未被溶解就用容量瓶定容、在称量样品时未关升降扭就加砝码、在做电泳时点样端位置放错、在做抽滤实验时应留滤液却误留滤渣、在作图时坐标轴取反以及记录和计算上的错误等。这些失误会对分析结果产生极大的影响，致使整个实验失败。所以在实验中一定要避免操作错误，培养严谨和一丝不苟的科学实验作风，养成良好的实验习惯，减少失误的发生。

第四节　有 效 数 字

做实验每天接触千千万万的数字，什么是有效数字？是否小数点后数字愈多愈准确？数字 1、2、3、4、5、6、7、8、9 是有效数字。数字 0 可以是有效数，也可能不是，如果零只用来表示小数点的位置时，它即不是有效数。例如，0.070080kg，这个数字的前两个零都不是有效数字，它们只是用来表示小数点的位置。如改用另一个单位，即可把它们取消，如采用克为单位，就可写成 70.080g。7 和 8 之间的两个零，是有效数字，如去除其中的两个零，数值就完全变了（0.0708kg 或 0.0780kg）。最后一位零也是有效数字，它指出在该项称重中，可以测定到 0.000010kg，只不过数字正好是零。如果将最后的零去除，则意味着重量只能称到 0.00001kg。有效数字的位数说明一个测定的准确度，应当符合这个测定（包括这个测定的每一个步骤）总的准确度。在作一项测定（长度、重量、容积、光密度、时间、电流、电压等），进行一项计算或报告一项实验结果，在数值上都可包括一位估计的数字。例如用一刻度最小到毫米的尺来量一个长度时，可以估算到刻度的 1/10，就是估计到 0.1mm，如 623.3mm，0.3 这个数是估计的，真实的数可能是 623.1 或 623.5mm，最后一个数字是有误差的。如计算一个乘数，如将 3.625mg/ml，乘以 1.26 时，在乘积中的值只能保留三位数字，因为乘积不可能比它原来的数字更为准确。又如将几个数值相加（0.410+0.1263+9.00，其和应是 9.58，而不是 9.5763，因为数的和不会比它准确度最差的一项为好。据以上的原因，在一个测定的各个环节中在可能范围内要注意应选择准确度相类似的仪器，否则在某一环节中使用了一次准确度很低的仪器，则整个测定结果的准确度便降低了。同样，在某一个实验环节使用了一次准确度很高的仪器，这种测量也是徒劳无功的，毫无意义。例如在滴定管的校正中，由于滴定管只能读到四位数字如 32.18 时，水及称量瓶的重量也只需称到四位有效数字（如 49.19g），虽然分析天平可称至有效数六位。也是无用的。这时可改用准确数四位的天平即可。

【思考题】

（1）在记录实验数据时，1、1.0、1.00、1.000、1.0000 各有什么意义？

（2）请设计一个实验报告的格式。

（3）在实验中如何减少实验误差？

第三章　实验化学试剂

一、一般化学试剂纯度、等级及适用范围

通用的化学试剂，分为四个纯度。市售的化学试剂在试剂瓶的标签上用不同的符号和颜色标明其纯度等级（表3-1）。

表 3-1　化学试剂的纯度、等级及适用范围

纯度	等级	符号	颜色	适用范围
优级纯	一级	G.R	绿色	用于分析实验和科研
分析纯	二级	A.R	红色	用于分析实验和科研
化学纯	三级	C.P	蓝色	用于要求较高的化学实验
实验试剂	四级	L.P	黄色	用于一般要求的化学实验
生物试剂		B.R 或 C.R		根据说明使用

另外，还有一些规格，如纯度很高的光谱纯，层析纯；纯度很低的工业级，药典纯（相当于四级）等。

二、缓 冲 溶 液

（一）缓冲原理

缓冲溶液是由弱酸及其盐、弱碱及其盐组成的混合溶液，能在一定程度上抵消、减轻外加强酸或强碱对溶液酸度的影响，从而保持溶液的 pH 相对稳定。缓冲系统对维持生物的正常 pH，正常生理环境起重要作用。多数细胞仅能在很窄的 pH 范围内进行活动，而且需要有缓冲体系来抵抗在代谢过程中出现的 pH 变化。

在生化实验和研究工作中，经常用到缓冲溶液来维持实验体系。如在提取蛋白质、酶等实验体系中的 pH 变化或变化过大，会使蛋白质、酶等的活性下降甚至完全失活。所以学会配制缓冲溶液是生化实验的重要内容。

生化实验常用的缓冲系主要有磷酸、柠檬酸、碳酸、醋酸、巴比妥酸、Tris（三羟甲基氨基甲烷）等及其盐组成的缓冲系。在生化实验或研究工作中要慎重地选择缓冲体系，因为有时影响实验结果的因素并不是缓冲液的 pH，而是缓冲液中的某种离子。如硼酸盐、柠檬酸盐、磷酸盐和三羟甲基甲烷等缓冲剂都可能与反应体系中的某些物质产生不需要的反应。可能产生的反应有：

（1）硼酸盐：硼酸盐与许多化合物形成复盐、如蔗糖。

（2）柠檬酸盐：柠檬酸盐离子容易与钙结合，所以存在有钙离子的情况下不能使用。

（3）磷酸盐：在有些实验，它是酶的抑制剂或甚至是一个代谢物，重金属易以磷酸盐的形式从溶液中沉淀出来。而且它在 pH 7.5 以上时缓冲能力很小。

（4）三羟甲基氨基甲烷：它可以和重金属一起作用，但在有些系统中也起抑制的作用。其主要缺点时温度效应。这点往往被忽视，在室温 pH 是 7.8 的 Tris-缓冲液，在 4℃时是

8.4，在 37℃时是 7.4，因此，4℃配制的缓冲液拿到 37℃测量时，其氢离子浓度就增加了 10 倍。而且它在 pH 7.5 以下，缓冲能力很差。

缓冲溶液的 pH =pK_a+lg（[共轭碱]/[共轭酸]）

（二）缓冲液的配制

1. 常见缓冲溶液的配制

（1）Na_2HPO_4-NaH_2PO_4 缓冲液（0.2mol/L），见表 3-2。

表 3-2　0.2mol/L Na_2HPO_4　x ml + 0.2mol/L NaH_2PO_4　y ml

pH	x（ml）	y（ml）	pH	x（ml）	y（ml）
5.8	8.0	92.0	7.0	61.0	39.0
5.9	10.0	90.0	7.1	67.0	33.0
6.0	12.3	87.7	7.2	72.0	28.0
6.1	15.0	85.0	7.3	77.0	23.0
6.2	18.5	81.5	7.4	81.0	29.0
6.3	22.5	77.5	7.5	84.0	16.0
6.4	26.5	73.5	7.6	87.0	13.0
6.5	31.5	68.5	7.7	89.5	10.5
6.6	37.5	62.5	7.8	91.5	8.5
6.7	43.5	56.5	7.9	93.0	7.0
6.8	49.5	50.5	8.0	94.7	5.3
6.9	55.0	45.0			

（2）巴比妥钠-盐酸缓冲液（表 3-3）。

表 3-3　0.04mol/L 巴比妥钠 100ml + 0.2mol/L 盐酸 x ml

pH（18℃）	x（ml）	pH（18℃）	x（ml）
6.8	18.4	8.4	5.21
7.0	17.8	8.6	3.82
7.2	16.7	8.8	2.52
7.4	15.3	9.0	1.65
7.6	13.4	9.2	1.13
7.8	11.47	9.4	0.70
8.0	9.39	9.6	0.35
8.2	11.21		

（3）Tris-HCl 缓冲液（0.05mol/L）（表 3-4）。

表 3-4　0.1mol/L Tris 50ml+0.1mol/L 盐酸 x ml 混匀后，蒸馏水稀释至 100ml

pH（25℃）	x（ml）	pH（25℃）	x（ml）
7.10	45.7	8.10	26.2
7.20	44.7	8.20	22.9
7.30	43.4	8.30	19.9
7.40	42.0	8.40	17.2

续表

pH（25℃）	x（ml）	pH（25℃）	x（ml）
7.50	40.3	8.50	14.7
7.60	38.5	8.60	12.4
7.70	36.6	8.70	10.3
7.80	34.5	8.80	8.5
7.90	32.0	8.90	7.0
8.00	29.2		

（4）甘氨酸-NaOH 缓冲液（0.05mol/L）（表 3-5）。

表 3-5　0.2mol/L 甘氨酸 50ml+0.2mol/L NaOH x ml 混匀后，蒸馏水稀释至 100ml

pH	x（ml）	pH	x（ml）
8.6	4.0	9.6	22.4
8.8	6.0	9.8	27.8
9.0	8.8	10.0	32.0
9.2	12.0	10.4	38.6
9.4	16.8	10.6	45.5

2. 常用电泳缓冲液的配制　见表 3-6。

表 3-6　常用电泳缓冲液的配制

缓冲液类型	应用液	贮存液
Tris-甘氨酸	1×	5×：15.1g Tris 碱；94g 甘氨酸；50ml　10% SDS
Tris-硼酸（TBE）	0.5×	5×：54g Tris 碱；27.5g 硼酸；20ml　0.5mol/L EDTA
Tris-磷酸（TPE）	1×	10×：108g Tris 碱；15.5ml　85%磷酸；40ml　0.5mol/L EDTA
Tris-乙酸（TAE）	1×	5×：242g Tris 碱；57.1ml 冰乙酸；20ml　0.5mol/L EDTA

注：Tris 溶液可从空气中吸收 CO_2，使用时注意将瓶盖严。TBE 贮存液长时间存放会形成沉淀，出现沉淀后应废弃

3. 常用凝胶上样缓冲液的成分　见表 3-7。

表 3-7　常用凝胶上样缓冲液的成分

缓冲液类型	6×缓冲液	贮存温度（℃）
1	6mol/L EDTA 18%聚蔗糖水溶液 0.15%溴甲酚绿 0.25%二甲苯青 FF	4
2	0.25% 溴酚蓝 0.25%二甲苯青 FF 40%蔗糖水溶液	4
3	0.25% 溴酚蓝 0.25%二甲苯青 FF 15%聚蔗糖水溶液	室温
4	0.25% 溴酚蓝 0.25%二甲苯青 FF 30%甘油水溶液	4
5	0.25% 溴酚蓝 30%蔗糖水溶液	4

另外，还有 2×SDS 凝胶上样缓冲液，是蛋白质 SDS 聚丙烯酰胺凝胶电泳的上样缓冲液：

100mmol/L	Tris-HCl（pH 6.8）
100mmol/L	二硫苏糖醇（DTT）
0.25%	溴酚蓝
20%	甘油
4%	SDS

不含二硫苏糖醇的 2×SDS 凝胶缓冲液可保存有室温，在临用前取 1mol/L 二硫苏糖醇贮存液加于上述缓冲液中。1mol/L 二硫苏糖醇贮存液-20℃保存。

加入凝胶上样缓冲液的目的有：

（1）增大样品密度，使样品均匀下沉，进入加样孔中。

（2）加入可示踪的染料，如溴酚蓝和二甲苯青 FF，使样品呈现颜色，便于操作。

（3）在电泳过程中，可示踪的染料向阳极移动，在 0.5×TBE 电泳缓冲液中，溴酚蓝在琼脂糖凝胶中的泳动速度与 300bp 的双链 DNA 相同，二甲苯青 FF 与 4bp 的双链 DNA 相同。

三、试剂配制的注意事项

（1）称量要准确，特别是配制标准溶液、缓冲溶液时。有特殊要求的，要按规定进行干燥、蒸馏、恒重、提纯等处理。

（2）一般溶液的配制都用蒸馏水或去离子水。

（3）化学试剂应根据实验要求选择不同规格的试剂。

（4）试剂（尤其是液体）一经取出，不得放回原瓶，以免造成污染。

（5）试剂瓶上应贴标签注明试剂的名称、浓度、配制日期，按要求保存。

（6）试剂试用前应注意保存日期。

【思考题】

（1）不同级别的化学试剂在纯度上有何区别？

（2）有些化学试剂在使用前需要干燥、蒸馏等处理，为什么？

第四章 实验室的基本操作

第一节 玻璃器皿的洗涤

一、新玻璃器皿的洗涤方法

新购置的玻璃器皿含游离碱较多，应在酸溶液内先浸泡数小时。酸溶液一般用 2%的盐酸或洗涤液。浸泡后用自来水冲洗干净。

二、使用过的玻璃器皿的洗涤方法

1. 试管、培养皿、三角烧瓶、烧杯等的洗涤

（1）一般情况下，可用瓶刷或海绵蘸上肥皂或洗衣粉或去污粉等洗涤剂刷洗，然后用自来水充分冲洗干净。热的肥皂水去污能力更强，可有效地洗去器皿上的油污。洗衣粉和去污粉较难冲洗干净而常在器壁上附有一层微小粒子，故要用水多次甚至 10 次以上充分冲洗，或可用稀盐酸摇洗一次，再用水冲洗，然后倒置于铁丝框内或有空心格子的木架上，在室内晾干。急用时可盛于框内或搪瓷盘上，放烘箱烘干。

玻璃器皿经洗涤后，若内壁的水是均匀分布成一薄层，表示油垢完全洗净，若挂有水珠，则还需用洗涤液浸泡数小时，然后再用自来水充分冲洗。

（2）装有固体培养基的器皿应先将其刮去，然后洗涤。

（3）带菌的器皿在洗涤前先浸在 2%煤酚皂溶液（来苏尔）或 0.25%新洁尔灭消毒液内 24h 或煮沸半小时，再进行洗涤。

（4）带病原菌的培养物最好先行高压蒸汽灭菌，然后将培养物倒去，再进行洗涤。盛放一般培养基用的器皿经上法洗涤后，即可使用，若需精确配制化学药品，或做科研用的精确实验，要求自来水冲洗干净后，再用蒸馏水淋洗三次，晾干或烘干后备用。

2. 吸量管的洗涤

（1）吸量管吸过指示液、指示剂、染料溶液等的吸量管（包括毛细吸管），使用后应立即投入盛有自来水的量筒或标本瓶内，免得干燥后难以冲洗干净。清洗后用蒸馏水淋洗。洗净后，放搪瓷盘中晾干，若要加速干燥，可放烘箱内烘干。

（2）吸过含有微生物培养物的吸量管亦应立即投入盛有 2%煤酚皂溶液或 0.25%新洁尔灭消毒液的量筒或标本瓶内，24 小时后方可取出冲洗。

（3）吸量管的内壁如果有油垢，同样应先在洗涤液内浸泡数小时，然后再行冲洗。

3. 砂芯玻璃滤器的洗涤

（1）新的滤器使用前应以热的盐酸或铬酸洗液边抽滤边清洗，再用蒸馏水洗净。

（2）针对不同的沉淀物采用适当的洗涤剂先溶解沉淀，或反复用水抽洗沉淀物，再用蒸馏水冲洗干净，在 110℃烘箱中烘干，然后保存在无尘的柜内或有盖的容器内。若不然积存的灰尘和沉淀堵塞滤孔很难洗净。

三、常用洗涤液的配制与使用

（一）最常见的洗涤液

1. 铬酸洗涤液   在常规玻璃器皿洗涤液中，铬酸洗涤液是最常见的洗涤液，可分浓溶液与稀溶液两种。特别强调：

（1）铬酸洗涤液的配法都是将重铬酸钠或重铬酸钾先溶解于自来水中，可慢慢加温，使溶解，冷却后徐徐加入浓硫酸，边加边搅动。

（2）配好后的洗涤液应是棕红色或橘红色。贮存于有盖容器内。

2. 铬酸洗涤的原理   重铬酸钠或重铬酸钾与硫酸作用后形成铬酸，铬酸的氧化能力极强，因而此液具有极强的去污作用。

3. 铬酸洗涤液使用注意事项

（1）洗涤液中的硫酸具有强腐蚀作用，玻璃器皿浸泡时间太长，会使玻璃变质，因此切忌到时忘记将器皿取出冲洗。其次，洗涤液若沾污衣服和皮肤应立即用水洗，再用苏打水或氨液洗。如果溅在桌椅上，应立即用水洗去或湿布抹去。

（2）玻璃器皿投入前，应尽量干燥，避免洗涤液被稀释。

（3）此液的使用仅限于玻璃和瓷质器皿，不适用于金属和塑料器皿。

（4）有大量有机物质的器皿应先行擦洗，然后再用洗涤液，这是因为有机物质过多，会加快洗涤液失效。此外，洗涤液虽为很强的去污剂，但也不是所有的污迹都可清除。

（5）盛放洗涤液的容器应始终加盖，以防氧化变质。

（6）洗涤液可反复多次使用，但当其变为墨绿色时即已失效，不能再用。

（二）其他常见的洗涤液

在洗涤常规玻璃器皿时，除了铬酸洗涤液外，针对不同的污物，还有其他一些常见洗涤液（表4-1）。

表 4-1   几种常用洗涤液的配制和使用

洗涤液	配方	使用方法	说明
浓铬酸洗液	研细的重铬酸钾 50g 溶于 150ml 水中，慢慢加入 800ml 浓硫酸	用于去除器壁残留油污，用少量洗液刷洗或浸泡一夜	洗液可重复使用
稀铬酸洗液	研细的重铬酸钾 50g 溶于 850ml 水中，慢慢加入 100ml 浓硫酸	用于去除器壁残留少量油污，用少量洗液刷洗	洗液可重复使用
工业盐酸	（浓或1:1）	用于洗去碱性物质及大多数无机物残渣	
碱性洗液	10%氢氧化钠水溶液或乙醇溶液	水溶液加热（可煮沸）使用，其去油效果较好	煮的时间太长会腐蚀玻璃，碱-乙醇洗液不要加热
碱性高锰酸钾洗液	4g 高锰酸钾溶于水中，加入 10g 氢氧化钠，用水稀释至 100ml	洗涤油污或其他有机物，洗后容器沾污处有褐色二氧化锰析出，再用浓盐酸或草酸洗液、硫酸亚铁、亚硫酸钠等还原剂去除	
草酸洗液	5～10g 草酸溶于 100ml 水中，加入少量浓盐酸	洗涤高锰酸钾洗液后产生的二氧化锰，必要时加热使用	
碘-碘化钾洗液	1g 碘和 2g 碘化钾溶于水中，用水稀释至 100ml	洗涤用过硝酸银滴定液后留下的黑褐色沾污物，也可用于擦洗沾过硝酸银的白瓷水槽	

续表

洗涤液	配方	使用方法	说明
有机溶剂	苯、乙醚、二氯乙烷等	可洗去油污或可溶于该溶剂的有机物质,使用时要注意其毒性及可燃性	用乙醇配制的指示剂干渣,比色皿,可用盐酸-乙醇(1:2)洗液洗涤
乙醇、浓硝酸	于容器内加入不多于2ml的乙醇,加入10ml浓硝酸,静置即发生激烈反应,放出大量热及二氧化氮,反应停止后再用水冲,洗操作应在通风橱中进行,不可塞住容器,作好防护	用一般方法很难洗净的少量残留有机物	注意:不可事先混合

(三)砂芯玻璃滤器常用洗涤液

在洗涤砂芯玻璃滤器时,针对不同的沉淀物用不同的洗涤液进行洗涤(表4-2)。

表4-2 洗涤砂芯玻璃滤器常用洗涤液

沉淀物	洗涤液
AgCl	1:1氨水或10% $Na_2S_2O_3$ 水溶液
$BaSO_4$	100℃浓硫酸或用 EDTA-NH_3 水溶液(3%EDTA 二钠盐 500ml 与浓氨水 100ml 混合)加热近沸
汞渣	热浓硝酸
有机物质	铬酸洗液浸泡或温热洗液抽洗
脂肪	四氯化碳或其他适当的有机溶剂
细菌	化学纯浓硫酸 5.7ml,化学纯亚硝酸钠 2g,纯水 94ml 充分混匀,抽气并浸泡 48h 后,以热蒸馏水洗净

四、玻璃仪器的干燥和保管

1. 玻璃仪器的干燥 做实验经常要用到的仪器应在每次实验完毕之后洗净干燥备用。用于不同实验的仪器对干燥有不同的要求,一般定量分析中的烧杯、锥形瓶等仪器洗净即可使用,而用于有机化学实验或有机分析的仪器很多是要求干燥的,有的要求无水迹,有的要求无水,应根据不同要求来。

常见玻璃仪器的干燥方法有:

(1)晾干:不急用的,要求一般干燥,可在纯水涮洗后,在无尘处倒置晾干水分,然后自然干燥。可用安有斜木钉的架子和带有透气孔的玻璃柜放置仪器。

(2)烘干:洗净的仪器控去水分,放在电烘箱中烘干,烘箱温度为 105~20℃烘 1h 左右。也可放在红外灯干燥箱中烘干。此法适用于一般仪器。称量用的称量瓶等烘干后要放在干燥器中冷却和保存。带实心玻璃塞的及厚壁仪器烘干时要注意慢慢升温并且温度不可过高,以免烘裂,量器不可放于烘箱中烘。

硬质试管可用酒精灯烘干,要从底部烘起,把试管口向下,以免水珠倒流把试管炸裂,烘到无水珠时,把试管口向上赶净水汽。

(3)热(或冷)风吹干:对于急于干燥的仪器或不适合放入烘箱的较大的仪器可用吹干的办法,通常用少量乙醇、丙酮(或最后再用乙醚)倒入已控去水分的仪器中摇洗控净溶剂(溶剂要回收),然后用电吹风吹,开始用冷风吹 1~2min,当大部分溶剂挥发后吹入热风至完全干燥，再用冷风吹残余的蒸汽，使其不再冷凝在容器内。此法要求通风好，防止中毒，不可接触明火，以防有机溶剂爆炸。

2. 玻璃仪器的保管　在贮藏室内玻璃仪器要分门别类地存放，以便取用。经常使用的玻璃仪器放在实验柜内，要放置稳妥，高的、大的放在里面，以下提出一些仪器的保管办法。

（1）移液管：洗净后置于防尘的盒中。

（2）滴定管：用后，洗去内装的溶液，洗净后装满纯水，上盖玻璃短试管或塑料套管，也可倒置夹于滴定管架上。

（3）比色皿：用毕洗净后，在瓷盘或塑料盘中下垫滤纸，倒置晾干后装入比色皿盒或清洁的器皿中。

（4）带磨口塞的仪器：容量瓶或比色管最好在洗净前就用橡皮筋或小线绳把塞和管口栓好，以免打破塞子或互相弄混。需长期保存的磨口仪器要在塞间垫一张纸片，以免日久粘住。长期不用的滴定管要除掉凡士林后垫纸，用皮筋栓好活塞保存。

（5）成套仪器：如索氏萃取器，气体分析器等用完要立即洗净，放在专门的纸盒里保管。

第二节　溶液的常规操作

一、溶液的混匀

混匀溶液不仅是物质溶解和溶液稀释过程中的必经操作步骤，也是促进化学反应速度的一个重要环节。混匀溶液时操作应根据容器的大小和形状以及所盛溶液的多少和性质而采用不同的方法。

1. 甩动混匀　手持试管上部，轻轻甩动、振摇，可以将液体混匀。适用于试管中液体较少时。

2. 弹打混匀　手持容器上端，用手指弹动或拨动容器下部，使溶液在容器内做涡旋状运动。适用于小试管和微型离心管等内容物的混匀。

3. 旋转混匀　手持容器上端，以手腕、肘或肩做轴旋转容器底部，不应上下振动。适用于未盛满溶液的锥形瓶、试管和小口容器中内容物的混匀。

4. 倒转混匀　适用于具塞的容器，如容量瓶、具塞量筒和具塞离心管等内容物的混匀。

5. 玻璃棒搅拌混匀　适用于烧杯内容物的混匀，如固体试剂的溶解和混匀。

6. 转动混匀　适用于黏稠性大的溶液的混匀，但液量不可太满，以占容器容积的 $1/3\sim2/3$ 为宜，混匀时手持容器上部，使容器底部在桌面上做快速圆周运动。

7. 倾倒混匀　适用于液量多、内径小的容器中溶液的混匀。方法是用两个洁净的容器，将溶液来回倾倒数次，以达到混匀目的。

8. 吸量管混匀　方法是先用吸量管吸取溶液，吸量管嘴提离液面少许，再把吸量管中的液体用劲吹回溶液中；反复吸吹数次，使溶液充分混匀。

9. 振荡器混匀　利用振荡器使容器中的内容物振荡，达到混匀的目的。

10. 磁力搅拌混匀　是把装有待混匀溶液的烧杯放在磁力搅拌器上，在烧杯内放入封闭于玻璃或塑料管中的小铁棒，利用电磁力使小铁棒旋转，以达到混匀溶液的目的。

二、溶液的过滤

过滤的目的是使沉淀与液体分离。在试管内生成的沉淀，通常利用离心法即可把沉淀分离出来，但较大量的沉淀生成时，小型离心机就不能达到分离沉淀的目的。所以，较大量的沉淀多采用过滤分离法。

1. 常压过滤　常压过滤就是不外加任何压力，滤液在自然条件下通过介质进行过滤。适用于滤液黏度小、沉淀颗粒粗、过滤速度快的样品。过滤介质可选用孔隙较大的滤纸、脱脂棉、纱布等。

2. 减压过滤　减压过滤就是在介质下再抽气减压，提高过滤速度的方法。常用于滤液黏度较大溶液、滤液为胶体溶液、沉淀颗粒很小的溶液以及不易在常压下过滤的溶液等。

三、溶液的加热与冷却

1. 加热　加热的方法有两种，一种是直接加热，一种是间接加热。直接加热是将加热器皿直接置于火焰或 电炉上加热。间接加热系通过受热介质，如水浴、油浴、砂浴等将热传递给受热器皿或物体。

玻璃器皿直接加热时，需加隔石棉网，使受热均匀，避免炸裂。间接加热时，受热温度要求在 100 ℃之内者，可用水浴，受热温度要求在 100 ℃以上者，可采用油浴和砂浴等方法。用油浴时，受热容器的外壁，切勿黏附有水珠，以防油向外暴溅伤人或引起火灾。

2. 冷却　冷却时，常用冷水或冰水浸浴，或用流水淋。若要求冷却温度在0℃以下时，可用盐冰浴（盐类加碎冰块混合使用）。

第三节　实验常用标本的制备

一、血液标本的制备

血液标本的采集与处理是血液分析前后质量控制的重在环节，正确采集与处理血液标本是获得准确分析结果的关键。

（一）血液标本的类型

（1）全血：包括静脉全血、动脉全血、末梢全血，其中静脉全血标本应用最广泛。

（2）血浆：全血标本经抗凝离心去除血细胞成分即为血浆。

（3）血清：血清凝固后的上清液为血清，与血浆比较少了纤维蛋白原及某些凝血因子。

（4）血细胞：包括红细胞、白细胞、血小板。

（5）无蛋白血滤液：分析血液中某些成分时，为了避免蛋白质的干扰，需预先除去血中的蛋白质成分。常用三氯醋酸、钨酸或氢氧化锌等沉淀剂与蛋白质作用，然后用过滤或离心方法制成无蛋白血滤液。

（二）常用的抗凝剂

抗凝剂种类很多，性质各异，必须根据检验止的适当选择，才能获得预期的结果。现将实验常用抗凝剂及其使用方法简述如下：

1. 乙二胺四乙酸（EDTA）盐

（1）抗凝原理：EDTA 盐有二钠、二钾和三钾盐。均可与钙离子结全成螯合物，从而阻止血液凝固。

（2）临床用途：EDTA 盐经 1000℃ 烘干，抗凝作用不变，通常配成 15g/L 水溶液，每瓶 0.4ml，干燥后可抗凝 5ml 血液。EDTA 盐对红、白细胞形态影响很小，适用于全血细胞分析，尤其适用于血小板计数。根据国际血液学标准化委员会（ICSH）1993 年文件建议，血细胞计数用 EDTA 二钾作抗凝剂，用量为 $EDTA-K_2 \cdot 2H_2O$ 1.5～2.2mg（4.45±0.85）μmol/ml 血液。$EDTA-Na$ 与 $EDTA-K_2$ 对血细胞计数影响均较小，但二钠溶解度明显低于二钾，有时影响抗凝效果，其他抗凝剂不适合于血细胞计数。

2. 枸橼酸钠

（1）抗凝原理：枸橼酸盐可与血中钙离子形成可溶性螯合物，从而阻止血液凝固。

（2）临床用途：枸橼酸钠又称柠檬酸钠，有 $Na_3C_6H_5O_7 \cdot 2H_2O$ 和 $2Na_3C_6H_5O_7 \cdot 11H_2O$ 等多种晶体。通常用前者配成 109 mmol/L（32g/L）水溶液（也有用 106 mmol/L 浓度），与血液按 1：9（V/V）或 1：4（V/V）比例使用。通常以 1：9 的比例用于血栓与止血检查，通常以 1：4 的比例用于魏氏法血沉测定。因其毒性小，也用于配制血液保养液。

3. 草酸钠

（1）抗凝原理：草酸盐可与血中钙离子生成草酸钙沉淀，从而阻止血液凝固。

（2）临床用途：草酸钠通常用 0.1mol/L 浓度，与血液按 1：9 比例使用，过去主要用于血栓与止血检查。目前已很少用。

4. 双草酸盐（含草酸钾与草酸铵）

（1）抗凝原理：与草酸钠相同。

（2）临床用途：草酸钠可使红细胞体积缩小，草酸铵可使红细胞体积膨胀，两者按适当比例混合后，恰好不影响红细胞形态和体积，因此该抗凝剂可用于血细胞比容、血细胞计数、网织红细胞计数等的检查。但双草酸盐可使血小板聚集并影响红细胞形态，不适合血小板计数和白细胞分类计数，目前已很少使用。

5. 肝素

（1）抗凝原理：肝素广泛在于肺、肝、脾等几乎所有组织和血管周围肥大细胞和嗜碱性粒细胞的颗粒中。它是一种含硫酸基团的黏多糖，平均分子量为 15 000（2000～40 000）。肝素可加强抗凝血酶Ⅲ（AT-Ⅲ）灭活丝氨酸蛋白酶，从而具有阻止凝血酶形成，对抗凝血酶和阻止血小板聚集等多种作用。

（2）临床应用：肝素具有抗凝能力强、不影响血细胞体积、不引起溶血等优点，适用于血细胞比容测定和临床生化项目的检查。通常用肝素钠粉剂（每 1mg 含 100～125U），配成 1g/L 的水溶液，取 0.5ml 放入小瓶中，37～50℃ 烘干，可使 5ml 血液不凝固。尽管肝素可以保持红细胞的自然形态，但由于其常可引起白细胞聚集并使用涂片在罗氏染色时产生蓝色背景，因此肝素抗凝血不适用于凝血功能、白细胞计数及其分类计数检查。肝素是红细胞渗透脆性实验理想的抗凝剂。

（3）在特殊情况下可采用物理方法获得抗凝血液标本。将血液注入有玻璃珠的器皿中并不停转动，使纤维蛋白缠绕于玻璃珠上，从而防止血液凝固，此方法常用于血液培养基的羊血采集。另外，也可用竹签搅拌除去纤维蛋白，以达到物理抗凝的目的，此方法主要用于检查结果易受抗凝剂影响的血液标本抗凝。

（三）促凝剂

真空采血时，为了快速分离血清和防止溶血，经常在采血前在真空管内加入促凝剂和分离胶。促凝剂是采用非活性硅石等非生理性促凝成分，经特殊加工而成。常用的促凝剂有凝血酶、蛇毒、硅石粉和硅碳酸等。

1. 促凝原理　促凝剂能激活纤维蛋白酶原，使可溶性纤维蛋白变成不可溶性纤维蛋白聚体，形成稳定的纤维蛋白凝块。

2. 临床用途　加速血液凝固，快速分离血清标本，缩短了检验时间，具有很高的使用价值。特别适用于急诊生化检查。但离心后经常会有少量的纤维蛋白凝块或悬丝悬浮在血液中，可能堵塞进样针。

（四）分离胶

分离胶是一种聚合高分子物质，不溶于水，具有抗氧化、耐高温、抗低温、高稳定性等特点。

1. 分离原理　分离胶的比重介于血清和血细胞之间，使血清和血细胞完全分离。

2. 临床用途　分离胶能保证血清化学成分的稳定，在冷藏状态下 48h 无明显改变，适用于生化、血库、血清学等相关检查。但分离胶的质量可影响分离效果的检验结果，且其成本较高。

二、尿液样品的制备

1. 收集的时间　一般定性实验所用的尿液样品可以用随时收集的新鲜尿液。定量测定尿液中各种成分时应收集 24h 的尿液，混合后再取样。

2. 收集方法　一般在早晨一定时间排出残余尿，以后每次尿液收集于清洁大玻璃瓶中，到第二天同一时间收集最后一次尿即可。把收集的 24h 尿液充分混合后用量筒量出总体积，然后取样分析。

3. 尿液的保存　收集的尿液如不能立即进行实验，应低温保存。必要时收集瓶中预先放入防腐剂（甲苯约 10 ml/L 尿或浓硫酸 10 ml/L 尿）。

三、组织样品的制备

在生物化学与分子生物学实验中，常常利用离体组织研究各种物质的代谢功能与酶系的作用，也可以从组织中提取各种代谢物质或酶进行研究。

生物组织离体过久，其所含物质的含量和生物学活性都将发生变化。因此，利用离体组织作为提取材料或代谢研究材料时，应在低温条件下迅速取出所需要的组织，并尽快进行提取或测定。

生物组织根据实验要求和实验目的的不同，不同的样品在制备过程中的方法不同：

1. 组织糜　将组织用剪刀迅速剪碎，或用绞肉机绞成糜状即可。

2. 组织匀浆或研磨　向剪碎的新鲜组织中加入适量的冰冷的匀浆制备液，用高速电动匀浆机或玻璃匀浆器制成匀浆；或者利用研钵研磨，在研磨的过程中也分为常温研磨和液氮研磨。

3. 组织浸出液 将上述制成的组织匀浆加以离心，其上清液即为组织浸出液。

四、细胞样品的制备

1. 细胞收集

（1）贴壁细胞：用预冷的磷酸盐（PBS）缓冲溶液冲洗细胞两次，利用胰酶消化或者细胞刮刀法收集细胞。

（2）悬浮细胞：将细胞收集于离心管内，200～1900 r/min 离心 5 min，倒掉上清后，加入预冷的 PBS 缓冲溶液，离心后弃上清，PBS 需洗两次。

2. 细胞破碎处理 细胞是生物体结构和功能的基本单位。就真核生物而言，细胞除了有细胞膜、细胞质和细胞核外，还有线粒体、溶酶体和内质网等细胞器。对于细胞内或多细胞生物组织中的各种生物大分子的分离纯化，都需要事先将细胞和组织破碎，使生物大分子充分释放到溶液中。不同的生物体或同一生物体不同部位的组织，其细胞破碎的难易程度不一，使用的方法也不相同，常用的细胞破碎的方法有以下几种：

（1）超声波处理法：此法是借助超声波的振动力破碎细胞膜和细胞器膜。细胞样品处理的效果与样品浓度、处理时间和使用频率有关。处理过程中需要注意降温，防止酶等活性分子降解或失活。

（2）反复冻融法：将细胞样品放入–20℃～–15℃冷冻，然后放入室温（或 40℃）融化，如此反复冻融几次，由于细胞内形成冰粒使剩余胞液的盐浓度增高而引起细胞溶胀破碎。

（3）冷热交替法：从细菌或病毒中提取蛋白质和核酸时，可将细菌和病毒放到 90℃左右维持数分钟，然后放入冰浴中冷却。反复几次后，绝大部分的细胞可以被破碎。

（4）溶胀法：把细胞放入低渗溶液中，细胞会因大量吸入溶剂而胀破，释放细胞内物质。

（5）酶解法：利用一些能分解细胞膜的酶类将细胞进行酶解。目前应用较多的是溶菌酶、纤维素酶和酯酶等。

（6）有机溶剂处理法：利用氯仿、甲苯、丙酮等脂溶性溶剂或十二烷基磺酸钠（SDS）等表面活性剂处理细胞，可将细胞膜溶解使细胞破裂。

第四节　常用实验器材的使用

一、移液器材的使用

（一）滴管

滴管可用于半定量移液，其移液量为 1.0～5.0 ml，常用 2.0 ml，可换不同大小的滴头。滴管有长、短两种，近来新出现一种带刻度和缓冲泡的滴管，可以比普通滴管更准确地移液，并防止液体吸入滴头。

（二）移液管

移液管的量程包括 0.1 ml、0.2 ml、0.5 ml、1.0 ml、2.0 ml、5.0 ml、10 ml 等。刻度移

液管分为两种，一种是无分度的，称为胖肚吸管，精确度较高；另一种吸管为分度吸管，管身为一粗细均匀的玻璃管，上面均匀刻有表示容积的分度线，其准确度低于胖肚吸管。在刻度移液管上有的标有"快"字则为快流式，有"吹"字则为吹出式，无"吹"字的吸管不可将管尖的残留液吹出。吸、放溶液前要用吸水纸擦拭管尖。

（1）选用原则：量取大体积液体时，要用移液管。量取任意体积的液体时，应选用取液量最接近的吸量管。同一定量实验中，如欲加同种试剂于不同管中，并且取量不同时，应选择一支与最大取液量接近的刻度吸量管。

（2）吸量管的使用：中指和拇指拿住吸量管上端，食指顶住吸量管顶端，用橡皮球吸液体至刻度上，眼睛看着液面上升；吸完后用食指顶住吸量管上端并用滤纸擦干其外壁；吸量管保持垂直，下口与试剂瓶接触，用食指控制液体下降至所需体积的刻度处，液体凹面、刻度和视线应在同一水平面上；刻度吸量管移入准备接受溶液的容器中，其出口尖端接触管壁，并成一角度，吸量管仍保持垂直；放开食指，使液体自然流出。

（三）微量移液器

微量移液器是一种在一定容量范围内可随意调节的精密取液装置（俗称移液枪），是一种取液量连续可调的精密取液仪器，其量程一般包括 10 μl、20 μl、100 μl、200 μl、1.0 ml 和 5.0 ml 等，可根据需要选择合适体积。通过按动芯轴排出空气，将前端安装的吸头置于液体中，放松对按钮的按压，靠内置弹簧机械力，按钮复原，形成负压，吸引液体。

【基本原理】　基本原理是依靠装置内活塞的上下移动，气活塞的移动距离是由调节轮控制螺杆结构实现的，推动按钮带动推动杆使活塞向下移动，排除活塞腔内的气体。松手后，活塞在复位弹簧的作用下恢复原位，从而完成一次吸液过程。

【基本结构】　一般包括体积控制按钮（不同厂家设计不同，通常也通过此按钮进行吸液体积调解）、吸头推除按钮、体积显示窗、套筒、弹性吸嘴、吸头（如图4-1）。

【使用方法】

（1）装配吸头后，按到第一档，垂直进入液面 2～3mm。

（2）缓慢松开控制按钮，待吸头吸入溶液后静止 2～3s，否则液体进入吸头过速会导致液体倒吸入移液器内部吸入体积减小。并斜贴在容器壁上淌走吸头外壁多余的液体。

（3）打出液体时贴壁并有一定角度，先按到第一档，稍微停顿1s 后，待剩余液体聚集后，再按到第二档将剩余液体全部压出。

（4）按压枪头卸除按钮，卸去枪头（图4-2）。

【常见的错误操作】

（1）吸液时，移液枪本身倾斜，导致移液不准确（应该垂直吸液，慢吸慢放）。

（2）装配吸头时，用力过猛，导致吸头难以脱卸（无需用力过猛，选择与移液器匹配的吸头）。

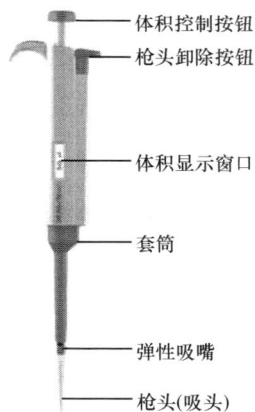

图 4-1　移液器的结构

体积控制按钮
枪头卸除按钮
体积显示窗口
套筒
弹性吸嘴
枪头(吸头)

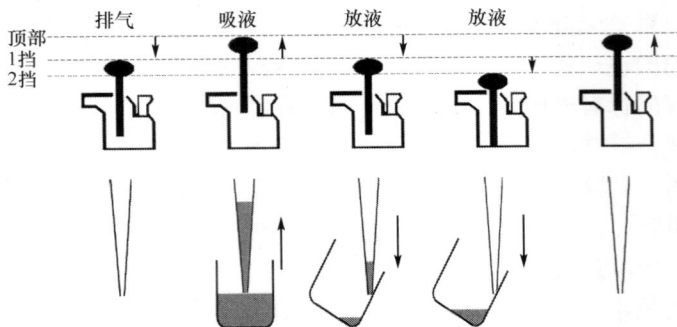

图 4-2　微量移液器的使用

（3）平放带有残余液体吸头的移液枪（应将移液枪挂在移液枪架上）。

（4）用大量程的移液枪移取小体积样品（应该选择合适量程范围的移液枪）。

（5）直接按到第二档吸液（应该按照上述标准方法操作）。

（6）使用丙酮或强腐蚀性的液体清洗移液器（应该参照正确清洗方法操作）。

二、电子天平的使用

电子天平是实验室常用称量仪器之一。它具有称量快捷，使用方法简便等优点。目前使用的主要有顶部承载式和底部承载式两种。顶部承载式电子天平是最早研制的电子天平，它是根据磁力补偿原理制造的。电子分析天平是电子天平的一类，但读数更为精确，一般可达到± 0.1mg。通常电子分析天平外面都有框罩包围以保证精确度。电子天平按结构可分为上皿式和下皿式电子天平。秤盘在支架上面的是上皿式，秤盘吊挂在支架下面的是下皿式。目前广泛使用的是上皿式电子天平。电子天平的规格品种齐全，最大载荷可以大到数吨，小到毫克，其读数精度从 10g 到 0.1μg。超微量天平其读数准确度达 1.0μg。尽管电子天平种类繁多，但其使用方法大同小异。

【操作方法】

1. 调平　天平开机前，应观察天平后部水平仪内的水泡是否位于圆环的中央，否则通过天平的地脚螺栓调节，左旋升高，右旋下降。

2. 预热　天平在初次接通电源或长时间断电后开机时，至少需要 30min 的预热时间。因此，实验室电子天平在通常情况下，不要经常切断电源。

3. 去皮　按 ON/OFF 键开启显示器。按 TAR 键清零，置容器（或称量纸）于秤盘上，天平显示容器质量，再按 TAR 键，显示零，即去除皮重。再将称量物置于容器中，这时显示的即是称量物的净质量。

4. 称量　去皮后，置称量物于秤盘上，待数字稳定即可读出称量物的质量值。

5. 称量结束　实验全部结束后，按 OFF 键关闭显示器，切断电源。

【注意事项】

（1）电子天平在使用前调整水平仪气泡至中间位置，即处于水平状态。

（2）天平的使用环境应避免有震动、风或者阳光直射。

（3）保持天平的清洁卫生。

（4）称量易挥发和具有腐蚀性的物品时，要盛放在密闭的容器内，以免腐蚀和损坏电子天平。

（5）操作天平不可过载使用，以免损坏天平。

（6）放入天平的物体温度不宜太高以免损坏仪器。

【思考题】

（1）试管壁上留有血污、油污时如何洗涤？

（2）全血、血浆、血清三种血液样品的成分有何不同？

（3）简述常见的几种抗凝剂的抗凝机制。

（4）为什么用微量移液器时，吸取液体时，只按到第一挡，而排出液体时，先按到第一挡，再按到第二挡？

第二篇 实验室常用基本技术

第五章 离 心 技 术

【基本原理】 当含有细小颗粒的悬浮液静置不动时，由于重力场的作用使得悬浮的颗粒逐渐下沉。粒子越重，下沉越快，反之密度比液体小的粒子就会上浮。微粒在重力场下移动的速度与微粒的大小、形态和密度有关，并且又与重力场的强度及液体的黏度有关。如红细胞大小的颗粒，直径为数微米，就可以在通常重力作用下观察到它们的沉降过程。

此外，物质在介质中沉降时还伴随有扩散现象。扩散是无条件的、绝对的。扩散与物质的质量成反比，颗粒越小扩散越严重。而沉降是相对的，有条件的，要受到外力才能运动。沉降与物体重量成正比，颗粒越大沉降越快。对小于几微米的微粒如病毒或蛋白质等，它们在溶液中成胶体或半胶体状态，仅仅利用重力是不可能观察到沉降过程的。因为颗粒越小沉降越慢，而扩散现象则越严重。所以需要利用离心机产生强大的离心力，才能迫使这些微粒克服扩散产生沉降运动。

离心就是利用离心机转子高速旋转产生的强大的离心力，加快液体中颗粒的沉降速度，把样品中不同沉降系数和浮力密度的物质分离开。

【基本结构】 离心机的基本结构主要有转动装置、速度控制器、调速装置、定时器、离心套管等外，一般高速离心机还有温度控制与制冷系统、安全保护装置、真空系统等装置。

【使用方法】

（1）离心机应放置在水平坚固的地板或平台上，并力求使机器处于水平位置以免离心时造成机器震动。

（2）打开电源开关，按要求装上所需的转头，将预先以托盘天平平衡好的样品放置于转头样品架上（离心筒须与样品同时平衡），关闭机盖。

（3）按功能选择键，设置各项要求：温度、速度、时间、加速度及减速度，带电脑控制的机器还需按储存键，以便记忆输入的各项信息。

（4）按启动键，离心机将执行上述参数进行运作，到预定时间自动关机。

（5）待离心机完全停止转动后打开机盖，取出离心样品，用柔软干净的布擦净转头和机腔内壁，待离心机腔内温度与室温平衡后方可盖上机盖。

【常见离心机的种类及适用范围】 离心机的分类方法有三种：按转速分为低速离心机、高速离心机和超速等离心机（临床上常用转速分类）；按用途分为制备型和制备分析型两类；按结构分为台式、多管微量式、细胞涂片式、血液洗涤式、高速冷冻式、大容量低速冷冻式、台式低速自动平衡离心机等。另外，还有三联式（五联式）高速冷冻离心机，用于连续离心。

1. 低速离心机 是实验室及临床检验室常规使用的离心机，其最大转速在 10 000r/min

以内，相对离心力在 15 000×g 以内，容量在几升到几十毫升，分离形式是固液分离。主要用于血浆、血清的分离及脑脊液、胸腹水、尿液等成分的分离。

2. 高速离心机 转速高达 20 000～25 000r/min，最大相对离心力在 89 000×g，最大容量可达 3L，分离形式是固液沉降分离。由转动装置、速度控制装置、调速器、定时器、离心套管等构成。主要用于实验室和临床检验室分子生物学中的 DNA、RNA 的分离和基础实验室的各种生物细胞、无机物溶液、悬浮液及胶体溶液的分离、浓缩、提纯样品等。可进行微生物菌体、细胞碎片、大细胞器、硫酸铵沉淀和免疫沉淀等的分离纯，电脑不能有效的沉降病毒、小细胞器（如核糖体）或单个分子。此外，还设置了冷冻装置，以防止高速离心过程中温度升高而使酶生物分子变性失活，因此又称高速冷冻离心机。

3. 超速离心机 转速可达 50 000～80 000r/min，最大相对离心力在 510 000×g，离心容量由几升至 2L。分离形式是差速沉降分离和密度区带分离，离心管平衡允许的误差要＜0.1g，为了防止样品溅出，带有离心管帽；为了防止温度升高，装有冷冻装置。可使亚细胞器分级分离，还可以分离病毒、核酸、蛋白质、多糖等。

4. 微型离心机 又称迷你离心机，一般转速在 4000～10 000r/min，特适用与微量过滤和试管的慢速离心。

制备型超速离心机主要用于生物大分子、细胞器、病毒等的分离纯化，能使亚细胞器分级分离，并可用于测定蛋白质和核酸的分子量。分析型超速离心机装有光学系统，可拍照、测量、数字输出、打印自动显示系统等，可通过光学系统对测试样品的沉降过程及纯度进行观察。

近年，还出现了专业性很强的专一性专用离心机，如免疫血液离心机、微量毛细管离心机、尿沉渣分离离心机、细胞涂片离心机等。

【**常用离心方法**】 根据分离样品的要求，可采用不同的离心方法，常用的离心方法有：差速离心法、密度梯度离心法、分析型超速离心法三类。

1. 差速离心法 差速离心法是利用不同的粒子在离心力场中沉降的差别，在同一离心条件下，通过不断增加相对离心力，使一个非均匀混合液中的大小、形状不同的粒子分步沉降的离心方法。主要用于一般及特殊样品的分离，如分离细胞器和病毒。操作过程一般是在离心后用倾倒的方法把上清液与沉淀分开，然后将上清液加高转速离心，分离出第二部分沉淀，如此反复加高转速，逐级分离出所需物质。

对分离纯度要求较高的样品，此法容易造成被分离物质的大量丢失，变性以及造成污染，尤其是对于一些沉降系数差别不太大的成分，要获得完全的分离纯化比较困难，所以该分离方法常用于要求不严格样品的初步分离和大批样品的处理，如分离已破碎的细胞各组分等。

该法的优点是：操作方法简单；可使用容量较大的角式转子；分离时间短、重复性高；样品处理量大。

此法的缺点是：分辨率有限、分离效果差，不能一次得到纯颗粒。另外，壁效应严重，容易使颗粒变形、聚集而失活。

2. 等密度区带离心法 不同颗粒存在密度差时，在离心力场中，颗粒沉降或浮起，一直沿着梯度移动到与它们密度相等的位置上（即等密度点）形成区带，故称为等密度区带离心法。

颗粒的有效分离取决于其浮力密度差，与颗粒的大小和形状无关，但后两者决定着达到平衡的速率和区带的宽度。颗粒的浮力密度与其原来的密度、水化程度和梯度溶质的通透性或溶质与颗粒的结合等因素有关。因此，要求介质梯度应有一定的陡度，要有足够的离心时间形成梯度颗粒的再分配，进一步的离心也不会有影响。

操作中，一般是将分离的样品均匀分布于梯度液中，离心后，粒子会移动到与其密度相同的地方形成区带，收集好所需区带即为纯化组分。由于其梯度形成需要梯度液的沉降和扩散相平衡，需长时间离心后方可形成稳定的梯度，故实验时间长。所以，等密度离心主要用于科研及实验室特殊样品的分离、纯化。

3. 分析型超速离心法　　分析型超速离心法主要是微量研究生物大分子的沉降特性和结构，而不是专门收集某一特定组分。因此它使用了特殊的转子和检测手段，以便连续检测物质在一个离心场中的沉降过程。分析型离心机主要有一个椭圆形的转子、一套真空系统和一套光学系统组成。该转子通过一个柔性的轴连接成一个高速的驱动装置，此轴可使转子在旋转时形成自己的轴。转子的一个冷冻的真空腔中旋转，其容纳了两个小室：分析室和配衡室。配衡室是一个经过精密加工的金属块，作为分析室的平衡用。

【注意事项】

（1）机体应始终处于水平位置，外接电源系统的电压要匹配，并要求有良好的接地线。

（2）开机前应检查转头安装是否牢固，机腔有无异物掉入。

（3）样品应预先平衡，使用离心筒离心时离心筒与样品应同时平衡。

（4）挥发性或腐蚀性液体离心时，应使用带盖的离心管，并确保液体不外漏，以免腐蚀机腔或造成事故。

（5）开机前，设定好转速、时间等参数后，按下启动按钮开始离心。

（6）擦拭离心机腔时动作要轻，以免损坏机腔内温度感应器。

（7）每次操作完毕应作好使用情况记录，并定期对机器各项性能进行检修。

（8）离心过程中若发现异常现象，应立即关闭电源，报请有关技术人员检修。

【思考题】

（1）说出各类离心机的应用。

（2）举例说明常用的离心方法。

第六章　分光光度技术

分光光度计是生物化学实验室常用的分析仪器之一，该仪器灵敏、准确、快速、简便，可广泛应用于医药卫生、临床检测、生物化学、石油化工、环保监测、食品生产和质量控制等部门作定性、定量分析。

【基本原理】　分光光度计，又称光谱仪（spectrometer），是将成分复杂的光，分解为光谱线的科学仪器。测量范围一般包括波长范围为 380～780 nm 的可见光区和波长范围为 200～380 nm 的紫外光区。不同的光源都有其特有的发射光谱，因此可采用不同的发光体作为仪器的光源。钨灯的发射光谱：钨灯光源所发出的 380～780nm 波长的光谱光通过三棱镜折射后，可得到由红、橙、黄、绿、蓝、靛、紫组成的连续色谱；该色谱可作为可见光分光光度计的光源。

有色溶液对光线有选择性的吸收作用，不同物质由于其分子结构不同，对不同波长线的吸收能力也不同，因此，每种物质都具有其特异的吸收光谱。有些无色溶液，光虽对可见光无吸收作光光度技术吸收用，但所含物质可以吸收特定波长的紫外线或红外线。分光光谱来鉴定物质性质及含量的技术，其理论依据是（分光光度法）主要是指利用物质特有的 Lambert-Beer 定律。

朗伯-比尔定律（Lambert-Beer　law）。即当一束单色光通过均匀、透明的有色溶液时，一部分光被散射，一部分光被吸收，另有一部分光透过溶液。设入射光强度为 I_0，透过光强度为 I_t，I_t 与 I_0 之比称为透光度（transmittance，T），即：

$$T = I_t / I_0 \times 100\%$$

透光度的负对数称为吸光度（absorbance，A），即：$A = -\lg T = \lg (I_0 / I_t)$

根据朗伯-比尔定律，溶液的吸光强度与溶液的浓度和溶液层厚度成正比，而且与溶液对光的吸收性能相关，其表达式为：

$$A = \lg (I_0/I_t) = K c L$$

式中 K 代表某种溶液的吸光系数，只与溶质本身的性质有关，而与溶液的浓度无关；c 代表溶液的浓度；L 代表溶液层厚度。

吸光系数 K 是一个常数，某种有色溶液对于一定波长（单色光）的入射光，具有一定吸收值。当 K 与 L 不变时，吸光度 A 与溶液浓度 c 成正比关系（应注意，朗伯-比尔定律仅适用于单色光和低浓度的溶液）。

根据朗伯-比尔定律，液体的浓度在一定范围内与吸光度成正比关系。配制一系列浓度的标准品溶液（浓度应包含高、中、低浓度范围），按照待测溶液的处理方法做相同处理，在特定波长下测定吸光度，以标准液浓度为横坐标，以吸光度为纵坐标，按最小二乘法的原理，将对应各点连成一条通过原点的直线，这条直线称为标准曲线。待测溶液测定吸光度后，从标准曲线上可查出其相应的浓度。

【基本构造】　各种类型的分光光度计结构和原理基本相同，一般包括光源、单色光器、比色皿、检测器和显示器五大部分。分光光度计的类型很多，最常用的是可见分光光度计和紫外-可见光分光光度计。

【使用方法】　723N 可见分光光度计的使用。

1. 开机

（1）仪器在使用前应预热 30min。

（2）在第一次使用仪器前，先确认仪器的工作电源，将打印机连接至主机上，检查仪器样品室有无遮挡光路的物品，确认后开启打印机的电源，然后打开主机电源等待仪器初始化。

2. 操作

（1）根据主菜单，输入选择项（1.光度计模式；2.波长扫描；3.定量分析；4.动力学分析；5.多波长测试；6.仪器操作；7.仪器状态显示）。

（2）按 1 选择光度计模式，光度计模式为定波长的吸光度、透射比和能量方式测量。

（3）在光度计模式下按"设置波长"键，可设置需要的测试波长。

（4）挡住光路或打开仪器盖子，按"调零/调满度"键，调零。

（5）盖上仪器盖子，按"调零/调满度"键，调满度。

3. 定量分析

（1）消除比色皿配对误差。仪器所附的比色皿是经过配对测试的，未经配对处理的比色皿将影响样品的测试精度。石英比色皿一套两只，供紫外光谱区使用，置入样品架时，两只石英比色皿上标记 Q 或箭头方向要一致。玻璃比色皿一套四只，供可见光谱区使用。

石英比色皿和玻璃比色皿不能混用，更不能和其他不经配对的比色皿混用。用手拿比色皿应握比色皿的磨砂表面，不应该接触比色皿的透光面，即透光面上不能有手印或溶液痕迹，待测溶液中不能有气泡、悬浮物，否则也将影响样品的测试精度。比色皿在使用完毕后应立即清洗干净。

（2）在主菜单上选"3"按确认键。

（3）设置所需的分析波长数值。

（4）选择分析方法（1.系数输入；2.一点法；3.多点待定）。

1）系数输入：在显示界面 K 的位置上输入数值，用方向键移动到 B 后输入数值，按返回键，按"开始/停止"键启动分析，出现工作曲线方程，按任意键继续测试。

2）一点法

A. 在选择分析方法上按"2"。

B. 在显示界面 C 的位置上输入数值，用方向键移动到 A 并将标样移至光路后按"确认"键输入标样的吸光度后，按返回键，按"开始/停止"键启动分析。

3）多点待定

A. 在选择分析方法上按"3"。

B. 标样个数设置为 2～9 个，确认后选择是否过原点，按确认键返回上一级界面，按"开始/停止"键启动分析。

C. 根据界面上的显示进行设定（1.设定标样；2.打开；3.保存；4.建立曲线）。

4. 结果打印

在得到测试结果后按下"打印"键便可打印结果（需外接标准串行打印机）。

【常见故障的检查】　当仪器出现故障时，应首先切断主机电源，然后按下列步骤逐步检查：

（1）波长指示是否在仪器允许的波长范围内。

（2）样品槽位置是否正确，样品室内有无异物挡光。

（3）样品室盖是否关紧。

（4）比色皿选用是否正确。

（5）接通仪器电源，观察光源灯是否点亮。

（6）功能键是否选择在相应的状态。

（7）当仪器波长选择 580nm 时，打开样品室盖，用白纸对准光路聚焦位置，应见到一清晰、明亮、完整的长方形橙黄色光斑，光斑偏红或偏绿时，说明仪器波长已经偏移。

（8）在仪器允许的波长范围内，是否能调"100%T"或"0A"。

【思考题】

（1）使用分光光度计有哪些注意事项?

（2）测定物质吸光度之前，先调节透光度为"0%"和"100%"，这是什么含义？

第七章 层 析 技 术

层析法又称为色谱法（chromatography），是广泛应用的一种生物化学技术，层析法利用混合物中各组分物理性质及化学性质（如溶解度、吸附能力、电荷和分子量等）的差别，使各组分在支持物上分布在不同区域，达到将各组分分离及测定的目的。

层析均由固定相和流动相组成。固定相是层析的一个基质，它可以是固体物质（如吸附剂，凝胶，离子交换剂等），也可以是液体物质（如固定在硅胶或纤维素上的溶液），这些基质能与待分离的化合物进行可逆的吸附、溶解、交换等，对层析的效果起着关键的作用。流动相是在层析过程中，推动固定相上待分离的物质朝着一个方向移动的液体、气体或超临界体等。柱层析中一般将流动相称为洗脱剂，薄层层析时称为展层剂。

层析法有多种类型，根据固定相基质的形式可以分为纸层析、薄层层析和柱层析；根据流动相的形式可以分为液相层析和气相层析；根据分离的原理不同分类可以分为吸附层析、分配层析、凝胶过滤层析、离子交换层析、亲和层析等。

第一节 吸 附 层 析

【基本原理】 吸附层析是利用吸附剂表面对不同物质吸附性能的差异进行分离的一种方法。吸附层析的效果取决于待分离物质与吸附剂（固定相）的吸附能力和分离物质在所用的溶剂（流动相）中的溶解度。

吸附层析的固定相即吸附剂种类有很多，其中比较常用的是氧化铝和硅胶。吸附剂具有吸附某些物质的性质，而且对不同物质的吸附能力不同。吸附力的强弱，取决于吸附剂本身的性质，也与被吸附物质的性质相关。吸附过程是可逆的，被吸的物质在一定条件下可以被解吸出来。层析过程就是吸附与解吸附的过程。

【分类】

1. 柱层析法 柱层析是用玻璃管装载吸附剂（固定相）进行混合物的分离。在进行吸附柱层析时，在柱顶部加入样品溶液，假如样品内含成 A 和 B 两种物质，则两者均被吸附在吸附剂上，待样品液全部流入柱内的吸附剂后，再加入适当的洗脱液，使被吸附的物质逐步洗脱下来，A 与 B 就随着洗脱液向下流动而移动，连续加入溶剂，连续分段收集洗脱液，各成分即可顺序洗出。即样品与吸附剂亲和力小的先被洗脱下来，亲和力大的后被洗脱下来。

2. 薄层吸附层析法 薄层吸附层析简称薄层层析，是将固定相均匀地在玻璃板上铺成薄层，流动相流经该薄层固定相而将样品分离。薄层分析的优点是设备简单，操作简便，分析快速，灵敏度高，分离效果好，显色方便。此外，薄层分析还可采用腐蚀性显色剂，而且可以在高温下显色，有时还可以在支持物中加荧光染料以助于鉴别。

第二节 分 配 层 析

【基本原理】 分配层析法是根据物质在两种不相混溶（或部分混溶）的溶剂间溶解

度及分配系数的不同来实现物质分离的方法。相当于一种连续的溶剂抽提方法。现在应用的分配层析技术，大多数是以一种多孔物质吸着一种极性溶剂，此极性溶剂在层析过程中始终固定在此多孔支持物（载体）上而被称为固定相。另一种与固定相互不相容的非极性溶剂流过固定相，此移动溶剂称为流动相。

由于不同的物质其分配系数不同，层析时移动速度也就不一样，经过多次分配可使分配系数只有微小差异的组分逐步完全分离。分配层析主要用于分离极性大的亲水性物质如有机酸、氨基酸、糖类、肽类、核苷和核苷酸等。

【分类】 根据固定相支持物的使用方法不同，分配层析可以分为纸层析（纸上分配层析）、柱层析及薄层层析等。分配层析中应用最广泛的是纸层析，是以滤纸为支持物，以滤纸纤维的结合水为固定相，以有机溶剂为流动相。当流动相沿滤纸经过样品时，样品点上的溶质在水和有机相之间不断进行分配。一部分样品随流动相移动，进入无溶质区。此时又重新分配，一部分溶质由流动相进入固定相。随着流动相的不断移动，各种不同的成分按其各自的分配系数不断进行分配，并沿着流动相移动，从而使物质得到分离和纯化。

第三节　离子交换层析

【基本原理】 离子交换层析是依据各种离子或离子化合物与离子交换剂的结合力不同而进行分离纯化。离子交换层析的固定相是离子交换剂，是由一类不溶于水的惰性高分子聚合物基质通过一定的化学反应，共价结合上某种电荷基团形成的。离子交换剂可以分为三部分：高分子聚合物基质、电荷基团和平衡离子。电荷基团与高分子聚合物共价结合，形成一个带电的可进行离子交换的基团。平衡离子是结合于电荷基团上的相反离子，它能与溶液中其他的离子基团发生可逆的交换反应。平衡离子带正电的离子交换剂能与带正电的离子基团发生交换作用，称为阳离子交换剂；平衡离子带负电的离子交换剂与带负电的离子基团发生交换作用，称为阴离子交换剂。

【离子交换剂的种类】 根据与基质共价结合的电荷基团的性质，可以将离子交换剂分为阳离子交换剂和阴离子交换剂。阳离子交换剂的电荷基团带负电，可以交换阳离子物质。阴离子交换剂的电荷基团带正电，可以交换阴离子物质。

离子交换剂的大分子聚合物基质可以由多种材料制成，常用的有聚苯乙烯离子交换剂（又称为聚苯乙烯树脂），是以苯乙烯和二乙烯苯合成的具有多孔网状结构的聚苯乙烯为基质。聚苯乙烯离子交换剂机械强度大、流速快。但它与水的亲和力较小，具有较强的疏水性，容易引起蛋白的变性，故一般常用于分离小分子物质，如无机离子、氨基酸、核苷酸等。

【注意事项】
1. 层析柱的选择 离子交换层析要根据分离的样品量选择合适的层析柱，离子交换用的层析柱一般粗而短，不宜过长。直径和柱长比一般为 1∶10 到 1∶50 之间。

2. 平衡缓冲液 离子交换层析的基本反应过程就是离子交换剂平衡离子与待分离物质、缓冲液中离子间的交换，所以在离子交换层析中平衡缓冲液和洗脱缓冲液的离子强度和 pH 的选择对于分离效果有较大影响。

3. 上样 上样量也不宜过大，一般为柱床体积的 1%～5% 为宜，以使样品能吸附在层析柱的上层，得到较好的分离效果。

4. 洗脱缓冲液　洗脱液的选择首先也是要保证在整个洗脱液梯度范围内，所有待分离组分都是稳定的。其次是要使结合在离子交换剂上的所有待分离组分在洗脱液梯度范围内都能够被洗脱下来。

5. 洗脱速度　洗脱液的流速也会影响离子交换层析分离效果，洗脱速度通常要保持恒定。一般来说洗脱速度慢比快的分辨率要好，但洗脱速度过慢会造成分离时间长、样品扩散、谱峰变宽、分辨率降低等副作用，所以要根据实际情况选择合适的洗脱速度。

6. 样品的浓缩、脱盐　离子交换层析得到的样品往往盐浓度较高，而且体积较大，样品浓度较低。所以一般离子交换层析得到的样品要进行浓缩、脱盐处理。

【应用】

（1）水处理。

（2）分离纯化小分子物质。

（3）分离纯化生物大分子物质。

第四节　凝 胶 层 析

【基本原理】　凝胶层析依据样品分子大小进行分离纯化。凝胶层析的固定相是惰性的珠状凝胶颗粒，凝胶颗粒的内部具有立体网状结构，形成很多孔穴。当含有不同分子大小组分的样品进入凝胶层析柱后，各个组分就向固定相的孔穴内扩散，组分的扩散程度取决于孔穴的大小和组分分子大小。比孔穴孔径大的分子不能扩散到孔穴内部，完全被排阻在孔外，只能在凝胶颗粒外的空间随流动相向下流动。它们经历的流程短，流动速度快，所以首先流出。而较小的分子则可以完全渗透进入凝胶颗粒内部，经历的流程长，流动速度慢，所以最后流出。而分子大小介于二者之间的分子在流动中部分渗透，渗透的程度取决于它们分子的大小。它们流出的时间介于上述二者之间，分子越大的组分越先流出，分子越小的组分越后流出。样品经过凝胶层析后，各个组分便按分子从大到小的顺序依次流出，从而达到分离的目的。

【凝胶的种类】　凝胶的种类很多，常用的凝胶主要有葡聚糖、聚丙烯酰胺、琼脂糖以及聚丙烯酰胺和琼脂糖之间的交联物。另外还有多孔玻璃珠、多孔硅胶、聚苯乙烯等等。

葡聚糖凝胶是指由葡聚糖与其他交联剂交联而成的凝胶。葡聚糖凝胶中最常用的是交联葡聚糖凝胶，Sephadex，交联度由环氧氯丙烷的百分比控制。Sephadex 的主要型号是G-10，G-15，G-25，G-50，G-75，G-100，G-150，G-200，后面的数字等于凝胶的吸水率乘以 10。Sephadex 的亲水性很好，在水中极易膨胀，不同型号的 Sephadex 的吸水率不同，它们的孔穴大小和分离范围也不同。数字越大的，排阻极限越大，分离范围也越大。Sephadex 有各种颗粒大小（一般有粗、中、细、超细）可以选择，一般粗颗粒流速快，但分辨率较差；细颗粒流速慢，但分辨率高。要根据分离要求来选择颗粒大小。Sephadex 的机械稳定性相对较差，它不耐压，分辨率高的细颗粒要求流速较慢，所以不能实现快速而高效的分离。

【注意事项】

1. 层析柱的选择　据样品量的多少以及对分辨率的要求来进行选择。

2. 凝胶柱的鉴定　凝胶柱的填装情况将直接影响分离效果，凝胶柱填装后用肉眼观察应均匀、无纹路、无气泡。

3. 加样量 加样量对实验结果也可能造成较大的影响,加样过多,会造成洗脱峰的重叠,影响分离效果;加样过少,提纯后各组分量少、浓度较低,实验效率低。

4. 洗脱速度 洗脱速度也会影响凝胶层析的分离效果,一般洗脱速度要恒定而且合适。

总之,凝胶层析的各种条件,包括凝胶类型、层析柱大小、洗脱液、上样量、洗脱速度等等,都要根据具体的实验要求来选择。

【应用】

(1)生物大分子的纯化。

(2)分子量测定。

(3)脱盐及去除小分子杂质。

(4)溶液的浓缩。

第五节 亲 和 层 析

【基本原理】 亲和层析是利用生物分子间专一的亲和力而进行分离的一种层析技术。生物分子间存在很多特异性的相互作用,如抗原-抗体、酶-底物或抑制剂、激素-受体的相互作用等。它们之间都能够专一而可逆的结合,这种结合力就称为亲和力。亲和层析就是通过将具有亲和力的两个分子中的一个固定在不溶性基质上,利用分子间亲和力的特异性和可逆性,对另一个分子进行分离纯化。被固定在基质上的分子称为配体。配体和基质是共价结合的,构成亲和层析的固定相,称为亲和吸附剂。将制备的亲和吸附剂装柱平衡,当样品溶液通过亲和层析柱的时候,待分离的生物分子就与配体发生特异性的结合,从而留在固定相上;而其他杂质不能与配体结合,仍在流动相中,并随洗脱液流出。这样层析柱中就只有待分离的生物分子。通过适当的洗脱液将其从配体上洗脱下来,就得到了纯化的待分离物质。

【载体、配体的选择与偶联】

1. 载体的选择 载体构成固定相的骨架,亲和层析的载体应该具有以下一些性质:

(1)具有较好的物理化学稳定性。在与配体偶联、层析过程中配体与待分离物结合以及洗脱时的 pH 及离子强度等条件作用下,基质的性质都没有明显的改变。

(2)能够和配体稳定结合。亲和层析的基质应具有较多的化学活性基团,通过一定的化学处理能够与配体稳定的共价结合,并且结合后不改变基质和配体的基本性质。

(3)基质的结构应是均匀的多孔网状结构,以使被分离的生物分子能够均匀、稳定的通透,并充分与配体结合。基质的孔径过小会增加基质的排阻效应,使被分离物与配体结合的概率下降,降低亲和层析的吸附容量。所以一般来说,多选择较大孔径的基质,以使待分离物有充分的空间与配体结合。

(4)基质本身与样品中的各个组分均没有明显的非特异性吸附,不影响配体与待分离物的结合。基质应具有较好的亲水性,以使生物分子易于靠近并与配体作用。

一般纤维素以及交联葡聚糖、琼脂糖、聚丙烯酰胺、多孔玻璃珠等可以作为亲和层析的载体,其中以琼脂糖凝胶应用最为广泛。

2. 配体的选择 亲和层析利用配体和待分离物质的亲和力而进行分离纯化,所以选择合适的配体对于亲和层析的分离效果是非常重要的。理想的配体应具有以下一些性质:

（1）配体与待分离的物质有适当的亲和力。亲和力太弱，待分离物质不易与配体结合；但如果亲和力太强，待分离物质很难与配体分离。总之，配体和待分离物质的亲和力过弱或过强都不利于亲和层析的分离。应根据实验要求尽量选择与待分离物质具有适当的亲和力的配体。

（2）配体与待分离的物质之间的亲和力要有较强的特异性，而与样品中其他组分没有明显的亲和力，对其他组分没有非特异性吸附作用。这是保证亲和层析具有高分辨率的重要因素。

（3）配体要能够与基质稳定的共价结合，在实验过程中不易脱落。而且配体与基质偶联后，对其结构没有明显改变。

（4）配体自身应具有较好的稳定性，在实验中能够耐受偶联以及洗脱时可能的较剧烈的条件，可以多次重复使用。

完全满足上述条件的配体实际上很难找到，在实验中应根据具体情况来选择尽量满足上述条件的最适宜的配体。

3. 载体的活化   基质的活化是指通过对基质进行一定的化学处理，使基质表面上的一些化学基团转变为易于和特定配体结合的活性基团。配体和基质的偶联，通常首先要进行基质的活化。

4. 配体与载体的偶联   活化的载体会携带一些活性基团，这些基团可以在较温和的条件下与含有氨基、羧基、醛基、酮基、羟基、硫醇基等多种配体反应，使配体偶联在基质上。另外，通过碳二亚胺、戊二醛等双功能试剂的作用也可以使配体与基质偶联。以上这些方法使得几乎任何一种配体都可以找到适当的方法与基质偶联。

配体与载体的偶联的方法有很多，主要有吸附法、共价偶联法、交联法和包埋法。配体和基质偶联完毕后，必须要反复洗涤，以去除未偶联的配体。另外要用适当的方法封闭基质中未偶联上配体的活性基团，也就是使基质失活，以免影响后面的亲和层析分离。

【注意事项】

1. 上样   一般生物大分子和配体之间达到平衡的速度很慢，所以样品液的浓度不易过高，上样时流速应比较慢，以保证样品和亲和吸附剂有充分的接触时间进行吸附。

2. 洗脱   亲和层析的洗脱方法可以分为特异性洗脱和非特异性洗脱。特异性洗脱往往需要较长的时间和较强的洗脱条件，可以通过适当改变其他条件，如选择亲和力强的物质洗脱、加大洗脱液浓度等等，来缩小洗脱时间和洗脱体积。非特异性洗脱是指通过改变洗脱缓冲液 pH、离子强度、温度等条件，降低待分离物质与配体的亲和力而将待分离物质洗脱下来。

【应用】

1. 抗原和抗体   利用抗原、抗体之间高特异的亲和力而进行分离的方法又称为免疫亲和层析。该法将所需蛋白质作为抗原，经动物免疫后制备抗体，将抗体与适当载体偶联形成亲和吸附剂，就可以对发酵液中所需蛋白质进行分离纯化。该方法适用于利用离子交换、凝胶过滤等方法都难于进行分离的一些蛋白等。

2. 生物素和亲和素   生物素和亲和素之间具有很强而特异的亲和力，可以用于亲和层析。还可以利用生物素和亲和素间的高亲和力，将某种配体固定在载体上。例如将生物素酰化的胰岛素与以亲和素为配体的琼脂糖作用，通过生物素与亲和素的亲和力，胰岛素就被固定在琼脂糖上。很多种生物大分子可以用生物素作为标记试剂，结合上生物素，并且不改变其生物活性，这使得生物素和亲和素在亲和层析分离中有更广泛的用途。

3. 维生素、激素和结合转运蛋白　维生素、激素等的结合蛋白含量很低，用通常的层析技术难于分离。维生素或激素与其结合蛋白具有强而特异的亲和力，利用这一特点可通过亲和层析获得较好的分离效果。

4. 其他　除了以上三类物质的亲和层析外，还有激素和受体蛋白、凝集素和糖蛋白辅酶、多核苷酸和核酸氨基酸以及病毒或细胞的分离都可以用亲和层析的方法。

【思考题】

简述各种层析技术的基本原理及应用。

第八章 电 泳 技 术

第一节 概 述

【基本原理】 带电颗粒在电场作用下，向着与其电性相反的电极移动，称为电泳（electroph oresis，EP）。利用带电粒子在电场中移动速度不同将多组分物质，如氨基酸、多肽、蛋白质、核酸等，进行分离、分析的技术称为电泳分析技术。电泳分析技术所需要的电泳设备分为分离系统和检测系统两大部分。可实现电泳分离技术的仪器称为电泳仪，是现今核酸和蛋白质分离实验中必不可少的设备。根据自动化程度不同可将电泳仪分为半自动电泳仪和全自动电泳仪；根据分离技术的原理可将电泳仪分为移动界面电泳仪、区带电泳仪和稳态电泳仪。电泳仪的发展极其迅速，特别是近年发展起来的自动化电泳分析仪，因其高效、灵敏、快速、所需样品少、应用范围广等优点被临床、科研和教学广泛应用。

【影响因素】

1. 电泳介质的 pH 溶液的 pH 决定带电物质的解离程度，也决定物质所带净电荷的多少。对蛋白质、核酸等类似两性电解质，pH 离等电点越远，粒子所带电荷越多，泳动速度越快，反之越慢。因此，当分离某一种混合物时，应选择一种能扩大各种蛋白质所带电荷量差别的 pH，以利于各种蛋白质的有效分离。为了保证电泳过程中溶液的 pH 恒定，必须采用缓冲溶液。

2. 缓冲液的离子强度 溶液的离子强度（ion intensity）是指溶液中各离子的摩尔浓度与离子价数平方的积的总和的 1/2。带电颗粒的迁移率与离子强度的平方根成反比。低离子强度时，迁移率快，但离子强度过低，缓冲液的缓冲容量小，不易维持 pH 恒定。高离子强度时，迁移率慢，但电泳谱带要比低离子强度时细窄。通常溶液的离子强度在 0.02～0.2 之间。

3. 电场强度 电场强度（电势梯度，electric field intensity）是指每厘米的电位降（电位差或电位梯度）。电场强度对电泳速度起着正比作用，电场强度越高，带电颗粒移动速度越快。根据实验的需要，电泳可分为两种：一种是高压电泳，所用电压在 500～1000V 或更高。由于电压高，电泳时间短（有的样品需数分钟），适用于低分子化合物的分离，如氨基酸，无机离子，包括部分聚焦电泳分离及序列电泳的分离等。因电压高，产热量大，必须装有冷却装置，否则热量可引起蛋白质等物质的变性而不能分离，还因发热引起缓冲液中水分蒸发过多，使支持物（滤纸，薄膜或凝胶等）上离子强度增加，以及引起虹吸现象（电泳槽内液被吸到支持物上）等，都会影响物质的分离。另一种为常压电泳，产热量小，室温在 10～25℃分离蛋白质标本是不被破坏的，无需冷却装置，一般分离时间长。

4. 电渗现象 在电场中液体对于一个固体的固定相相对移动称为电渗。在有载体的电泳中，影响电泳移动的一个重要因素是电渗。最常遇到的情况是 γ-球蛋白，由原点向负极移动，这就是电渗作用所引起的倒移现象。产生电渗现象的原因是载体中常含有可电离的基团，如滤纸中含有羟基而带负电荷，与滤纸相接触的水溶液带正电荷，液体便向负极移动。由于电渗现象往往与电泳同时存在，所以带电粒子的移动距离也受电渗影响；如电泳方向与电渗相反，则实际电泳的距离等于电泳距离加上电渗的距离。琼脂中含有琼脂果胶，其中含有较多的硫酸根，所以在琼脂电泳时电渗现象很明显，许多球蛋白均向负极移动。除去了琼脂果胶后的琼脂糖用作凝胶电泳时，电渗大为减弱。电渗所造成的移动距离可用不带电的有色染料或有色葡聚糖点在支持物的中心，以观察电渗的方向和距离。

【电泳的分类】 目前所采用的电泳方法，大致可分为 3 类：显微电泳，自由界面电泳和区带电泳。其中区带电泳应用广泛，区带电泳可分为以下几种类型：

1. 按支持物的物理性状不同，区带电泳可分为

（1）滤纸为支持物的纸电泳；

（2）粉末电泳：如纤维素粉，淀粉，玻璃粉电泳；

（3）凝胶电泳：如琼脂，琼脂糖，硅胶，淀粉胶，聚丙烯酰胺凝胶电泳；

（4）缘线电泳：如尼龙丝，人造丝电泳。

2. 按支持物的装置形式不同，区带电泳可分为

（1）平板式电泳：支持物水平放置，是最常用的电泳方式；

（2）垂直板电泳：聚丙烯酰胺凝胶可做成垂直板式电泳；

（3）柱状（管状）电泳：聚丙烯酰胺凝胶可灌入适当的电泳管中做成管状电泳。

3. 按 pH 的连续性不同，区带电泳可分为

（1）连续 pH 电泳：如纸电泳，醋酸纤维素薄膜电泳；

（2）非连续 pH 电泳：如聚丙烯酰胺凝胶盘状电泳。

【电泳装置】 电泳所需的装置有：电泳槽和电源。

1. 电泳槽 电泳槽是电泳系统的核心部分，根据电泳的原理，电泳支持物都是放在两个缓冲液之间，电场通过电泳支持物连接两个缓冲液，不同电泳采用不同的电泳槽。常用的电泳槽有：

（1）圆盘电泳槽：有上，下两个电泳槽和带有铂金电极的盖。上槽中具有若干孔，孔不用时，用硅橡皮塞塞住。要用的孔配以可插电泳管（玻璃管）的硅橡皮塞。电泳管的内径早期为 5～7mm，为保证冷却和微量化，现在则越来越细。

（2）垂直板电泳槽：垂直板电泳槽的基本原理和结构与圆盘电泳槽基本相同。差别只在于制胶和电泳不在电泳管中，而是在块垂直放置的平行玻璃板中间。

（3）水平电泳槽：水平电泳槽的形状各异，但结构大致相同。一般包括电泳槽基座，冷却板和电极。

2. 电源 要使带电荷的生物大分子在电场中泳动，必须加电场，且电泳的分辨率和电泳速度与电泳时的电参数密切相关。不同的电泳技术需要不同的电压，电流和功率范围，所以选择电源主要根据电泳技术的需要，如聚丙烯酰胺凝胶电泳和 SDS 电泳需要 200～600V 电压。

【应用】

1. 醋酸纤维素薄膜电泳 该电泳已经广泛用于血清蛋白，血红蛋白，球蛋白，脂蛋白，糖蛋白，甲胎蛋白，类固醇及同工酶等的分离分析中。尽管它的分辨力比聚丙酰胺凝胶电泳低，但它具有操作简单、快速、廉价等优点。

2. 聚丙烯酰胺凝胶电泳 聚丙烯酰胺凝胶电泳同时具有电荷效应和分子筛效应，可以将分子大小相同而带不同数量电荷的物质分离开，并且还可以将带相同数量电荷而分子大小不同的物质分离开。其分辨率远远高于一般层析方法和电泳方法，可以检出 10^{-12}～10^{-9}g

的样品，且重复性好，没有电渗作用。聚丙烯酰胺凝胶电泳该电泳可用做蛋白质纯度的鉴定，也可用于蛋白质定量。电泳后的凝胶经凝胶扫描仪扫描，从而给出定量的结果。凝胶扫描仪主要用于对样品单向电泳后的区带和双向电泳后的斑点进行扫描。

3. SDS-聚丙烯酰胺凝胶电泳　其原理是带大量电荷的 SDS 结合到蛋白质分子上克服了蛋白质分子原有电荷的影响而得到恒定的荷/质比。SDS-聚丙烯酰胺凝胶电泳可测定蛋白质分子量，此法测定时间短，分辨率高，所需样品量极少（1～100μg）等特点。但只适用于球形或基本上呈球形的蛋白质，某些蛋白质不易与 SDS 结合如木瓜蛋白酶，核糖核酸酶等，此时测定结果就不准确。

4. 琼脂或琼脂糖凝胶免疫电泳　其分辨率虽比聚丙烯酰胺凝胶电泳低，但它制备容易，分离范围广。该电泳可用于：①检查蛋白质制剂的纯度；②分析蛋白质混合物的组分；③研究抗血清制剂中是否具有抗某种已知抗原的抗体；④检验两种抗原是否相同等。

第二节　醋酸纤维薄膜电泳

【基本原理】　醋酸纤维薄膜电泳是近 40 年来推广的一种经典的技术，它具有电渗小、分离速度快、分离区带清楚、分辨率高、血清用量少、没有拖尾和吸附现象等优点。它的缺点是厚度小，样品用量很小，不适于制备。

醋酸纤维素薄膜电泳（cellulose acetate membrane electrophoresis）以醋酸纤维薄膜为支持物。它是纤维素的醋酸酯，由纤维素的羟基经乙酰化而制成。它溶于丙酮等有机溶液中，即可涂布成均一细密的微孔薄膜，厚度以 0.1～0.15mm 为宜。太厚吸水性差，分离效果不好；太薄则膜片缺少应有的机械强度则易碎。目前，该技术广泛应用于血清蛋白、血红蛋白、糖蛋白、脂蛋白、同工酶等的分离和测定等方面。醋酸纤维素薄膜电泳与聚丙烯酰胺凝胶电泳相比，操作简单，但分离效果不太好。如血清蛋白在醋酸纤维素薄膜电泳中，只能分离出 5～6 条区带，而聚丙烯酰胺凝胶电泳可分离出数 10 条区带。

【基本操作】

1. 电泳槽的准备　将缓冲液倒入电泳槽中，调节两侧槽内的缓冲液使其在同一水平面上。用四层干净的纱布作桥，将其用巴比妥缓冲液浸湿，铺垫在电泳槽支架上。

2. 薄膜的准备　取 2.5cm×8cm 的醋酸纤维薄膜一张，在无光泽面距一端 1.5cm 处用铅笔划一线，表示点样位置。然后将此薄膜无光泽面向下置于缓冲液中浸泡。待完全浸透后（即薄膜条上无白色斑痕时）取出，使无光泽面向上，夹于洁净的滤纸中间吸取多余缓冲液，将薄膜条展平。

3. 点样　用盖玻片边缘均匀沾取少量血清样品，垂直将血清点在点样线上，稍停 3～5s，使血清均匀渗入膜内，形成粗细均匀的直线。点样应注意适量、均匀和垂直，并避免弄破薄膜。

4. 电泳　将已点样的薄膜无光泽面向下，两端平贴于电泳槽的支架上，点样端置于阴极，平衡 5min 后通电，电压 100～160V，电流为 0.4～0.6mA/cm 膜宽，电泳约 45～60min。

5. 染色与漂洗　电泳完毕，用镊子立即取出薄膜，直接浸入染色液的培养皿中，5min 后取出，立即浸入洗脱液中，一般每隔 5min 左右换一次漂洗液，连续漂洗 3 次即可。

6. 透明　将已干的薄膜条浸入石蜡油中，使薄膜透明（可用于测定或保存）。

7. 定量

（1）洗脱比色法：将电泳图谱各区带剪下，取同样宽度的空白部分作为对照，分别放入盛有 0.4mol/L NaOH 溶液的试管中，清蛋白管加入 4ml，其余各管加入 2ml，摇匀，放入 37℃水浴中保温 30min 或室温不停摇动 30min，使蓝色洗脱。然后在 620nm 波长处进行比色，以空白管调零，测定各管的吸光度值 A_x，然后计算出个区带的相对百分含量。

$$各组分蛋白相对百分含量（\%）= A_x/A \times 100\%$$

式中，A 为各组分蛋白吸光度之总和；A_x 为各组分蛋白吸光度。

（2）光密度计扫描法：在用光密度计扫描前，必须先将醋酸纤维薄膜透明。透明的方法很多，这里介绍两种最常用的方法。电泳后，染色并漂洗干净之后，待薄膜完全干燥，浸入透明液中约 3~5min，取出，平贴于玻璃板上，玻璃板必须干净，贴时应排出空气，带完全干燥后即可轻轻揭下。还有一种透明方法，不必将薄膜浸入透明液，将薄膜展开与玻璃板上，用吸管吸取透明液，逐滴加于膜上，待完全加匀后，轻压薄膜排出空气，将玻璃板竖起放置，使多余的透明液流去，待干燥后轻轻揭下即可。此膜可用于光密度计扫描，亦可永久保存。

【注意事项】

1. 保持薄膜清洁 勿用手指接触薄膜表面，以免油污或污物沾上，影响电泳通路。

2. 电泳槽里的缓冲液要保持清洁 电泳完毕后正负两极缓冲液的 pH 发生变化，再次电泳时，应改变电场方向，或将正负两极电泳槽内的缓冲液混合之后，再分别倒入电泳槽中。

3. 两侧电泳槽液面应保持在同一水平面 两侧电泳槽液面高低不平，液体通过薄膜有虹吸现象，会影响蛋白质的泳动速度。

4. 加样时要均匀 以免影响蛋白质区带图谱的完美。

5. 电泳时间 与缓冲液的离子强度、电流、电压都有一定的关系。离子强度较低时，电泳速度快，可缩短时间，但各蛋白分离不清晰。离子强度较高时，球蛋白和白蛋白分离较好，但时间长。电压高，电流大，电泳速度加快，时间可缩短，但薄膜上蒸发严重，因此，不能无限增大电流电压。

6. 血清标本要新鲜 不可溶血，否则电泳图谱分离不清混入血红蛋白造成结果不准。

7. 电泳效果欠佳的原因

（1）电泳图谱不整齐，可能的原因有：点样不均匀；薄膜未完全浸透；或温度过高使膜面局部干燥或水分蒸发；缓冲液变质；电泳时薄膜未放正，电流方向与膜方向不平行。

（2）各组分分离不佳，可能的原因是：电泳过长；电流过小；薄膜透水性差，导电性差。

（3）染色后，清蛋白中部着色浅：可能由于染色时间不足；染色液陈旧；蛋白含量过高。

（4）透明膜上有气泡：玻璃板上有油脂；贴膜时，有气泡。

第三节 SDS-聚丙烯酰胺凝胶电泳

【基本原理】 聚丙烯酰胺凝胶为网状结构，具有分子筛效应。它有两种形式：非变性聚丙烯酰胺凝胶电泳（native-PAGE）及 SDS-聚丙烯酰胺凝胶（SDS-PAGE）；非变性聚丙烯酰胺凝胶，在电泳的过程中，蛋白质能够保持完整状态，并依据蛋白质的分子量大小、蛋白质的形状及其所附带的电荷量而逐渐呈梯度分开。而 SDS-聚丙烯酰胺凝胶电泳，使用含有去污剂十二烷基硫酸钠（SDS）和还原剂巯基乙醇的样品处理液对蛋白质样品进行煮沸处理，使蛋白质变性，二硫键断开，样品中的肽链最终都处于无二硫键连接的分离的状态。由于 SDS 带有负电荷，同时它有一个长的疏水尾巴，因此 SDS 通过疏水尾巴与肽链中的氨基酸的疏水侧链结合，结合 SDS 的比率大约是一个蛋白质分子中每两个氨基酸残基结合一分子的 SDS，所形成的 SDS-蛋白质复合物的形状近似于长的椭圆棒，它的短轴是恒定的，而长轴与蛋白质分子量的大小成正比，这样，复合物所带的负电荷大大超过了蛋白质分子原有的电荷量，消除和掩蔽了不同蛋白质分子之间原有的电荷差异，电泳时 SDS-蛋白质复合物在凝胶中的迁移率不再受蛋白质原有电荷和形状的影响，而主要取决于蛋白质分子量。所以 SDS-PAGE 常用来分析蛋白质的纯度和测定蛋白质的分子量。在 SDS-PAGE 中，去污剂既要加到凝胶介质中，也要加到电极液中，以便维持处理过的蛋白质样品的变性状态。

在蛋白质样品加到凝胶上后，接通电源进行电泳，所有 SDS-蛋白质复合物都向着阳极迁移，它们通过凝胶的速率与它们分子量的对数成反比，大的蛋白质会遇到更大的阻力，比小的蛋白质移动慢，结果在凝胶上移动距离不同。凝胶通过染色（常用考马斯亮蓝染料）出现不同的蛋白带。在 SDS-PAGE 中，在一定的凝胶浓度下，蛋白质的分子量对数与多肽链的迁移率呈线性关系，根据标准蛋白分子量对数对迁移率的标准曲线，通过未知蛋白迁移率就可从标准曲线上求出未知蛋白的分子量。目前通常使用蛋白标准品蛋白 Marker，它是由一系列不同相对分子量的蛋白质组成，它们之间不发生相互作用，且具有良好的线性关系。

【实验步骤】

1. 垂直平板电泳槽的安装　先将垂直平板电泳槽和两块玻璃洗净，晾干。通过硅胶带将两块玻璃板紧贴于电泳槽，玻璃板之间留有空隙，两边用夹子夹住。用 1.5% 的琼脂趁热注于电泳槽平板玻璃的底部，以防泄漏。（图 8-1 和图 8-2）

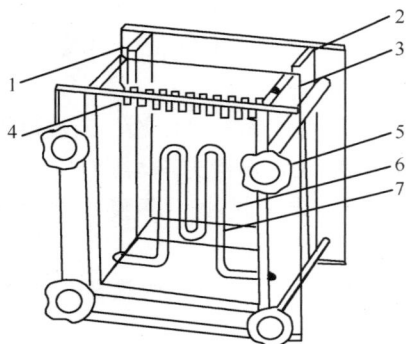

图 8-1　夹心垂直电泳槽示意图

1. 导线接头；2. 下储槽；3. 凹形橡胶区；4. 样本槽模板；5. 固定螺丝；6. 上储槽；7. 冷凝系统

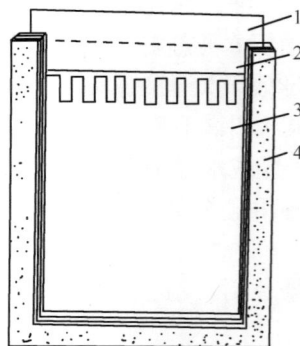

图 8-2　凝胶模示意图

1. 样本槽模板；2. 长玻璃槽模板；3. 短玻璃板；4. 凹形橡胶框

2. 分离胶的选择和配制方法

（1）按照蛋白质不同的相对分子质量选用不同浓度的分离胶。

蛋白质相对分子质量的范围　　分离胶的浓度

$<10^4$　　　　　　　　　　　　20%～30%

$1\times10^4\sim4\times10^4$　　　　　　15%～20%

$4\times10^4\sim1\times10^5$　　　　　　10%～15%

$1\times10^5\sim5\times10^5$　　　　　　5%～10%

$>5\times10^5$　　　　　　　　　　2%～5%

（2）确定所需凝胶溶液体积，按表 8-1 给出的数值在一小烧杯中按所需分离胶的浓度配制一定体积的分离胶溶液。一旦加入 TEMED，马上开始聚合，故应立即快速旋动混合物并进入下步操作。

表 8-1　不同浓度分离胶的制备

分离胶的浓度	20%	15%	12%	10%	7.5%
重蒸馏水（ml）	0.75	2.35	3.35	4.05	4.85
分离胶缓冲液（pH 8.8）（ml）	2.5	2.5	2.5	2.5	2.5
质量浓度为10%SDS（ml）	0.1	0.1	0.1	0.1	0.1
凝胶贮备液（Acr/Bis）（ml）	6.6	5.0	4.0	3.3	2.5
质量浓度为10%的过硫酸铵（μl）	50	50	50	50	50
TEMED（μl）	5	5	5	5	5
总体积（ml）	10	10	10	10	10

3. 分离胶的灌制　迅速用滴管吸取分离胶，在电泳槽的两玻璃板之间灌注丙烯酰胺溶液，留出灌注浓缩胶所需空间即梳子的齿长再加 1cm 的空间。再在胶液面上小心注入一层重蒸馏水（约 2～3mm 高），以阻止氧气进入凝胶溶液。将电泳槽垂直静置于室温下约 30～60min，分离胶聚合完全后，倾出覆盖水层，再用滤纸吸净残留水。

4. 浓缩胶的配制和灌制　制备 5%浓缩胶：重蒸馏水 2.92 ml、浓缩胶缓冲液（pH 6.8）1.25 ml、质量浓度为 10%SDS 0.05 ml、凝胶贮备液（Acr/Bis）0.8ml、质量浓度为 10%的过硫酸铵 25μl、TEMED 5μl，在小烧杯中混匀，迅速灌注在分离胶上，小心插入干净的梳子，避免混入气泡，将凝胶垂直放置于室温下至浓缩胶完全聚合（约 30min）。

5. 样品的制备

（1）标准蛋白质样品的制备：取出一管预先分装好的 20μl 低相对分子质量标准蛋白质，放入沸水浴中加热 3～5min，取出冷至室温。

（2）待测蛋白质样品的制备：①取 10μl 待测蛋白质样品液（约含待测蛋白质 5μg）加入 10μl 2 倍还原缓冲液。②取 10μl 待测蛋白质样品液（约含待测蛋白质 5μg）加入 10μl 2 倍非还原缓冲液。①和②同标准蛋白质样品一样，放入沸水浴中加热 3～5 min，取出冷至室温。

6. 电泳

（1）待浓缩胶聚合完全后，小心移出梳子。用电极缓冲液洗涤加样孔数次，然后将电泳槽注满电极缓冲液。必须设法排出凝胶底部两玻璃板之间的气泡。

（2）用微量注射器按编号加样，加样量通常为 10～25μl（1.5mm 厚的胶）。

（3）接上电泳仪，上电极接电源的负极，下电极接电源的正极。打开电泳仪电源开关，凝胶上所加电压为 8V/cm。当染料前沿进入分离胶后，把电压提高到 15V/cm，继续电泳直至溴酚蓝到达分离胶底部上方约 1cm，然后关闭电源。

7. 染色与脱色　从电泳装置上卸下玻璃板，用刮勺撬开玻璃板，置于一大培养皿中，在溴酚蓝条带的中心插一细钢丝作为标志。加考马斯亮蓝 R250 染色 1h 或过夜，倾出染色液，加入脱色液，需 3～10h，其间多次更换脱色液至背景清楚。

此方法检测灵敏度为 0.2～1.0μg。脱色后，可将凝胶浸于水中，长期封装在塑料袋内而不降低染色强度。为永久性记录，可对凝胶进行拍照，或将凝胶干燥成胶片（图 8-3）。

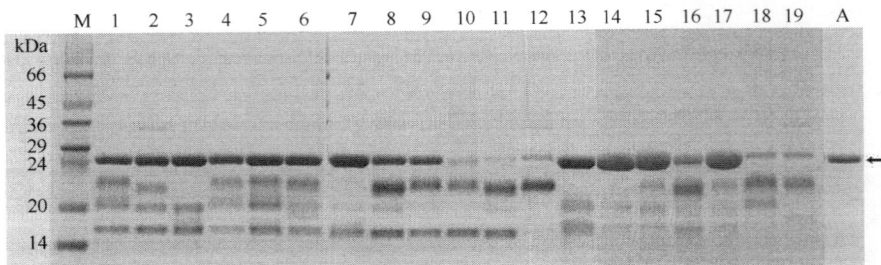

图 8-3　SDS-PAGE 蛋白电泳考马斯亮蓝染色结果

【实验结果】　用直尺分别量出标准蛋白质、待测蛋白质区带中心以及钢丝距分离胶顶端的距离，按式（8-1）计算相对迁移率：

$$相对迁移率 = \frac{蛋白质移动距离(mm)}{染料移动距离(mm)} \tag{8-1}$$

以标准蛋白的迁移率作横坐标，蛋白质相对分子量对数做纵坐标，可以得到一条蛋白相对质量的标准曲线。依据该曲线，计算样本蛋白的相对分子量。

第四节　琼脂糖凝胶电泳

【基本原理】　琼脂糖凝胶电泳是主要用于分离、鉴定和提纯 DNA 片段的标准方法。但由于其孔径相比于大多数蛋白质太小，故一般不用于蛋白质的分离。琼脂糖是从琼脂中提取的一种多糖，具亲水性，但不带电荷，是一种很好的电泳支持物，常用 1% 的琼脂糖作为电泳支持物。它兼有"分子筛"和"电泳"的双重作用。DNA 在碱性条件下（pH 8.0 的缓冲液）带负电荷，在电场中通过凝胶介质向正极移动，不同 DNA 分子片段由于分子和构型不同，在电场中的泳动速率不同。溴化乙锭（EB）可嵌入 DNA 分子碱基对间形成荧光络合物，经紫外线照射后，可分出不同的区带，达到分离、鉴定分子量，筛选重组子的目的。

【基本操作】　琼脂糖凝胶电泳分离 DNA，其主要内容包括制胶，加样，电泳，染色及拍照。

1. 琼脂糖凝胶的制备　由于 PCR 产物分子量较小，所以我们采用浓度比较高的 3% 琼脂糖（一般按 0.3%～1.5% 的琼脂糖含量，1～25kb 大小的 DNA 用 1% 的凝胶，20～100kb 的 DNA 用 0.5% 的凝胶，200～2000bp 的 DNA 用 1.5% 的凝胶）凝胶电泳（含溴化乙锭）。称取 1.5g 琼脂糖粉末，放到锥形瓶中，加入 50ml 的（0.5～1）×TBE 电泳缓冲液中，置微波炉或沸水浴中加热至完全溶化（不要加热至沸腾），取出稍摇匀，得胶液。

2. 灌胶　将胶槽两端分别用透明胶紧密封住。将胶槽置于水平支持物上，在一端插上样品梳子，注意观察梳子齿下缘应与胶槽底面保持 1mm 左右的间隙。待溶胶冷却至 60℃ 左右时，在胶内加入适量的溴化乙锭（EB）至最终浓度为 0.5μg/ml 的 EB，摇匀，缓慢灌入水平胶框，自然冷却，撕去两端的透明胶，小心拨出梳子；使加样孔端置阴极端将凝胶放入电泳槽内，在槽内加入（0.5～1）×TBE 的电泳缓冲液，使电泳缓冲液液面刚高出琼脂糖凝胶面。

3. 加样 将 DNA 样品与加样缓冲液按 4∶1 混匀后，用微量移液器将混合液加到样品槽中，每槽加 10～20μl，记录样品的点样次序和加样量。

4. 电泳 安装好电极导线，点样孔一端接负极，另一端接正极，打开电源，调电压至 3～5V/cm，电压最高不超过 5V/cm，电泳 1～3h。

当琼脂糖浓度低于 0.5%，为增加凝胶硬度，可在 4℃ 进行电泳。琼脂糖凝胶分离大分子核酸实验条件的研究结果表明，在低浓度、低电压下，分离效果较好。

当溴酚蓝的带（蓝色。移到距凝胶前沿 1～2cm 时，停止电泳。

5. 染色和观察 在紫外投射仪的样品台上重新铺上一张保鲜膜，赶去气泡平铺，把已染色的凝胶放在上面，关上样品室门在 254nm 的紫外灯下观察，有橙红色荧光条带的位置，即为 DNA 条带。也可用拍照，或用凝胶成像系统输出照片，通过比较样品与一系列标准样品的荧光强度，可估算出待测样品的浓度。

【注意事项】

（1）溴化乙锭具有强烈的致癌作用，操作时应戴手套，应避免污染实验高压台面。

（2）溴化乙锭在紫外光源上放置时间过长，荧光将会猝灭。

（3）紫外线对人体有损害，对眼睛尤甚，操作时应注意有效防护。

【造成区带不正常的常见原因】

（1）DNA 酶污染的仪器可能会降解 DNA，造成条带信号弱、模糊甚至缺失的现象。

（2）一般的核酸检测只需要琼脂糖凝胶电泳就可以；如果需要分辨率高电泳，特别是只有几个 bp 的差别应该选择聚丙烯酰胺凝胶电泳，用普通电泳不合适的巨大 DNA 链应该使用脉冲凝胶电泳。注意巨大的 DNA 链用普通电泳可能跑不出胶孔导致缺带。

（3）高浓度的胶可能使分子大小相近的 DNA 带不易分辨，造成条带缺失现象。

（4）常用的缓冲液有 TAE 和 TBE，而 TBE 比 TAE 有着更好的缓冲能力。电泳时使用新制的缓冲液可以明显提高电泳效果。注意电泳缓冲液多次使用后，离子强度降低，pH 上升，缓冲性能下降，可能使 DNA 电泳产生条带模糊和不规则的 DNA 带迁移的现象。

（5）电泳时电压不应该超过 20V/cm，电泳温度应该低于 30℃，对于巨大的 DNA 电泳，温度应该低于 15℃。注意如果电泳时电压和温度过高，可能导致出现条带模糊和不规则的 DNA 带迁移的现象。特别是电压太大可能导致小片段跑出胶而出现缺带现象

（6）样品中含盐量太高和含杂质蛋白均可以产生条带模糊和条带缺失的现象。乙醇沉淀可以去除多余的盐，用酚可以去除蛋白。变性的 DNA 样品可能导致条带模糊和缺失，也可能出现不规则的 DNA 条带迁移。在上样前不要对 DNA 样品加热，用 20mM NaCl 缓冲液稀释可以防止 DNA 变性。

（7）太多的 DNA 上样量可能导致 DNA 带型模糊，而太少的 DNA 上样量则导致带信号弱甚至缺失。

（8）Marker 应该选择在目标片段大小附近 ladder 较密的，这样对目标片段大小的估计才比较准确。需要注意的是 Marker 的电泳同样也要符合 DNA 电泳的操作标准。如果选择

λDNA/*Hind*III或者 λDNA/*Eco*R I 的酶切 Marker，需要预先 65℃加热 5min，冰上冷却后使用。从而避免 *Hind*III或 *Eco*R I 酶切造成的黏性接头导致的片段连接不规则或条带信号弱等现象。

（9）实验室常用的核酸染色剂是溴化乙锭（EB），染色效果好，操作方便，但是稳定性差，具有毒性。注意观察凝胶时应根据染料不同使用合适的光源和激发波长，如果激发波长不对，条带则不易观察，出现条带模糊的现象。

第五节 其 他 电 泳

一、梯度凝胶电泳

梯度凝胶电泳也通常采用聚丙烯酰胺凝胶，但不是在单一浓度（孔径）的凝胶上进行，而是形成梯度凝胶。从凝胶顶部到底部丙烯酰胺的浓度呈梯度变化。凝胶梯度是通过梯度混合器形成的，高浓度的丙烯酰胺溶液首先加入到玻璃平板中，而后溶液浓度呈梯度下降，因此在凝胶的顶部孔径较大，而在凝胶的底部孔径较小。梯度凝胶电泳也通常加入 SDS，并有浓缩胶。电泳过程与 SDS-PAGE 电泳基本类似。

二、等电聚焦电泳

等电聚焦电泳是根据两性物质等电点（pI）的不同而进行分离的，它具有很高的分辨率，可以分辨出等电点相差 0.01 的蛋白质，是分离两性物质如蛋白质的一种理想方法。等电聚焦的分离原理是在凝胶中通过加入两性电解质形成一个 pH 梯度，两性物质在电泳过程中会被集中在与其等电点相等的 pH 区域内，从而得到分离。等电聚焦主要用于蛋白质等样品的分离，但也可以用于样品的纯化。虽然成本较高，但操作简单、纯化效率很高。

三、双向凝胶电泳

双向凝胶电泳也称为二维凝胶电泳（2D-PAGE），该技术结合了等电聚焦技术及SDS-PAGE 电泳技术，是分离蛋白质最有效的一种电泳手段。通常第一维电泳是等电聚焦，变性的蛋白质根据其等电点的不同进行分离。然后将处理过的等电凝胶条放在 SDS-PAGE 电泳浓缩胶上，加入丙烯酰胺溶液或熔化的琼脂糖溶液使其固定并与浓缩胶连接。在第二维电泳过程中，结合 SDS 的蛋白质从等电聚焦凝胶中进入 SDS-聚丙烯酰胺凝胶，在浓缩胶中被浓缩，在分离胶中依据其分子量大小被分离。

第六节 电泳后大分子的检测

对于电泳分离后的大分子必须进行检测，常用的方法是染色显示法，此外还有光密度计测定法和放射性测定法。

一、染色显示法

样品经电泳后用染色可将区带显示出来，为了防止电泳后凝胶往内的分离成分扩散，需要先将分离的区带固定。一般在电泳后将凝胶浸泡在 7% 醋酸或 12.5% 三氯醋酸中十几分钟即可。

1. 考马斯亮蓝染色 检测蛋白质最常用的染色剂是考马斯亮蓝 R-250。考马斯亮蓝染色具有很高的灵敏度，在聚丙烯酰胺凝胶中可以检测到 $0.1\ \mu g$ 的蛋白质所形成的染色带。考马斯亮蓝与某些纸介质结合非常紧密，所以滤纸、醋酸纤维素薄膜以及蛋白质印迹（在硝化纤维素膜上）不能用考马斯亮蓝染色，而是用 10%的三氯乙酸浸泡使蛋白质变性，而后使用不对介质有强烈染色的染料如溴酚蓝、氨基黑等对蛋白质进行染色。

2. 银染 是比考马斯亮蓝染色更灵敏的一种方法，它是通过银离子（Ag^+）在蛋白质上被还原成金属银形成黑色来指示蛋白区带的。银染可以直接进行，也可以在考马斯亮蓝染色后进行。这样凝胶主要的蛋白带可以通过考马斯亮蓝染色分辨，而考马斯亮蓝染色检测不到的蛋白带由银染检测。银染的灵敏度比考马斯亮蓝染色高 100 倍，可以检测低于 1.0 ng 的蛋白质。

3. PAS 染色 糖蛋白通常使用过碘酸-Schiff 试剂（PAS）染色，但 PAS 染色不是十分灵敏，染色后通常形成较浅的红-粉红带，难以在凝胶中观察。目前更灵敏的方法是将凝胶印迹后用凝集素检测糖蛋白。凝集素是从植物中提取的一类糖蛋白，它们能识别并选择性结合特殊的糖。将凝胶印迹用凝集素处理，再用连接辣根过氧化物酶的抗凝集素抗体处理，然后加入过氧化物酶的底物，通过生成有颜色的产物就可以检测到凝集素结合情况。这样凝胶印迹用不同的凝集素检测不仅可以确定糖蛋白，而且可以得到糖蛋白中糖基的信息。

二、微量光密度计测定法

未染色的样品，电泳凝胶可用微量光密度计进行紫外扫描。染色后须选用合适的波长。如用染料氨基黑，需用 620 nm，考马斯亮蓝则用 550 nm，固绿则用 625 nm。根据扫描曲线的峰面积可作相对量比较，根据峰面积和标准样品浓度制作的标准曲线可求出样品含量。

【思考题】

（1）影响电泳的因素有哪些？

（2）举例说明等电点在电泳技术中的应用。

（3）电泳的基本原理是什么？

（4）电泳时（如血清蛋白电泳缓冲液的 pH 为 8.6）为什么血清样品点样处靠近电场的负极端？

（5）清蛋白电泳结果的临床意义有哪些？

（6）如何测定血清蛋白各组分的相对百分含量？

（7）在测定蛋白质相对分子质量时 SDS 有何作用？

（8）比较三种电泳技术的优缺点及应用。

第九章　聚合酶链式反应（PCR 技术）

第一节　聚合酶链式反应

【基本原理】　聚合酶链式反应（polymerase chain reaction，PCR）是体外酶促合成特异 DNA 片段的一种方法，为最常用的分子生物学技术之一。典型的 PCR 由①高温变性模板；②引物与模板退火；③引物沿模板延伸三步反应组成一个循环，通过多次循环反应，使目的 DNA 得以迅速扩增。其主要步骤是：将待扩增的模板 DNA 置高温下（通常为 93～94℃）使其变性解成单链；人工合成的两个寡核苷酸引物在其合适的复性温度下分别与目的基因两侧的两条单链互补结合，两个引物在模板上结合的位置决定了扩增片段的长短；耐热的 DNA 聚合酶（Taq 酶）在 72℃将单核苷酸从引物的 3′端开始掺入，以目的基因为模板从 5′→3′方向延伸，合成 DNA 的新互补链。

【操作步骤】

1. 实验流程

（1）在冰浴中，按以下次序将各成分加入一无菌 0.5ml 离心管中。

1）10×PCR buffer　　　　　　　　　5μl
2）dNTP mix（2 mmol/L）　　　　　　4μl
3）引物 1（10pmol/L）　　　　　　　2μl
　　引物 2（10pmol/L）　　　　　　　2μl
4）Taq 酶（2 mmol/μl）　　　　　　　1μl
5）DNA 模板（50ng～1μg/μl）　　　　1μl
6）加 ddH$_2$O 至　　　　　　　　　　50μl
7）视 PCR 仪有无热盖，不加或添加石蜡油。

（2）调整好反应程序：将上述混合液稍加离心，立即置 PCR 仪上，按下列程序执行扩增：

1）94～96℃预变性 3～5min（使模板 DNA 充分变性）；
2）94℃高温变性 30s；
3）50～60℃退火复性 30s；
4）72℃延伸 30s；
5）上述 2）、3）、4）步骤循环 30～35 次；
6）72℃ 延伸 7min（使产物延伸完整）。

（3）结束反应，PCR 产物放置于 4～10℃待电泳检测或-20℃长期保存。

（4）PCR 的电泳检测：如在反应管中加有石蜡油，需用 100μl 氯仿进行抽提反应混合液，以除去石蜡油；否则，直接取 5～10μl 电泳检测。

2. PCR 反应体系的组成与反应条件的优化　PCR 反应体系由反应缓冲液（10×PCR Buffer）、脱氧核苷三磷酸底物（dNTP mix）、耐热 DNA 聚合酶（Taq 酶）、寡聚核苷酸引物（primer1，primer2）、靶序列（DNA 模板）五部分组成。各个组分都能影响 PCR 结果的好坏。

（1）反应缓冲液：一般随 Taq DNA 聚合酶供应。标准缓冲液含：50mmol/L KCl，10mmol/L Tris-HCl（pH 8.3，室温），1.5 mmol/L MgCl$_2$。

（2）Mg^{2+}：Mg^{2+}对 PCR 扩增的特异性和产量有显著影响，*Taq* DNA 聚合酶的活性依赖于 Mg^{2+}。在一般的 PCR 反应中，dNTPs 浓度为 200 μmol/L 时，Mg^{2+}浓度为 1.5～2.0mmol/L 为宜。Mg^{2+}浓度过高，会使 PCR 反应的特异性降低，出现非特异扩增；浓度过低则会降低 *Taq* DNA 聚合酶的活性，使反应产物减少。

（3）dNTP：高浓度 dNTP 易产生错误掺入，过高则可能不扩增；但浓度过低，将降低反应产物的产量。PCR 中常用终浓度为 50～400μmol/L 的 dNTP。四种脱氧三磷酸核苷酸的浓度应相同，如果其中任何一种的浓度明显不同于其他几种时（偏高或偏低），就会诱发聚合酶的错误掺入作用，降低合成速度，过早终止延伸反应。此外，dNTP 能与 Mg^{2+}结合，使游离的 Mg^{2+}浓度降低。因此，dNTP 的浓度直接影响到反应中起重要作用的 Mg^{2+}浓度。

（4）Taq DNA 聚合酶：在 100μl 反应体系中，一般加入 2～5U 的酶量，足以达到每分钟延伸 1000～4000 个核苷酸的掺入速度。酶量过多将导致产生非特异性产物。但是，不同的公司或不同批次的产品常有很大的差异，由于酶的浓度对 PCR 反应影响极大，因此应当作预试验或使用厂家推荐的浓度。当降低反应体积时（如 20μl 或 50μl），一般酶的用量仍不小于 2U，否则反应效率将降低。

（5）引物：引物是决定 PCR 结果的关键，引物设计在 PCR 反应中极为重要。要保证 PCR 反应能准确、特异、有效地对模板 DNA 进行扩增，通常引物设计要遵循以下几条原则：

1）引物的长度以 15～30bp 为宜，一般（G+C）的含量在 45%～55%，T_m 值高于 55℃ [T_m= 4（G+C）+ 2（A+T）]。应尽量避免数个嘌呤或嘧啶的连续排列，碱基的分布应表现出是随机的。

2）引物的 3′端不应与引物内部有互补，避免引物内部形成二级结构，两个引物在 3′端不应出现同源性，以免形成引物二聚体。3′端末位碱基在很大程度上影响着 Taq 酶的延伸效率。两条引物间配对碱基数少于 5 个，引物自身配对若形成茎环结构，茎的碱基对数不能超过 3 个由于影响引物设计的因素比较多，现常常利用计算机辅助设计。

3）人工合成的寡聚核苷酸引物需经 PAGE 或离子交换 HPLC 进行纯化。

4）引物浓度不宜偏高，浓度过高有两个弊端：一是容易形成引物二聚体（primer-dimer）；二是当扩增微量靶序列并且起始材料又比较粗时，容易产生非特异性产物。一般说来，用低浓度引物不仅经济，而且反应特异性也较好。一般用 0.25～0.5pmol/μl 较好。

5）引物一般用 TE 配制成较高浓度的母液（约 100μmol/L），保存于-20℃。使用前取出其中一部分用 ddH$_2$O 配制成 10μmol/L 或 20μmol/L 的工作液。

（6）模板：PCR 对模板的要求不高，单、双链 DNA 均可作为 PCR 的样品。虽然 PCR 可以用极微量的样品（甚至是来自单一细胞的 DNA）作为模板，但为了保证反应的特异性，一般还宜用 μg 水平的基因组 DNA 或 104 拷贝的待扩增片段作为起始材料。原材料可以是粗制品，某些材料甚至仅需用溶剂一步提取之后即可用于扩增，但混有任何蛋白酶、核酸酶、Taq DNA 聚合酶抑制剂以及能结合 DNA 的蛋白，将可能干扰 PCR 反应。

（7）PCR 循环加快，即相对减少变性、复性、延伸的时间，可增加产物的特异性。

【注意事项】

（1）PCR 反应应该在一个没有 DNA 污染的干净环境中进行。最好设立一个专用的 PCR 实验室。

（2）纯化模板所选用的方法对污染的风险有极大影响。一般而言，只要能够得到可靠的结果，纯化的方法越简单越好。

（3）所有试剂都应该没有核酸和核酸酶的污染。操作过程中均应戴手套。

（4）PCR 试剂配制应使用最高质量的新鲜双蒸水，采用 0.22μm 滤膜过滤除菌或高压灭菌。

（5）试剂都应该以大体积配制，试验一下是否满意，然后分装成仅够一次使用的量储存，从而确保实验与实验之间的连续性。

（6）试剂或样品准备过程中都要使用一次性灭菌的塑料瓶和管子，玻璃器皿应洗涤干净并高压灭菌。

（7）PCR 的样品应在冰浴上化开，并且要充分混匀。

第二节　反转录 PCR（RT-PCR）

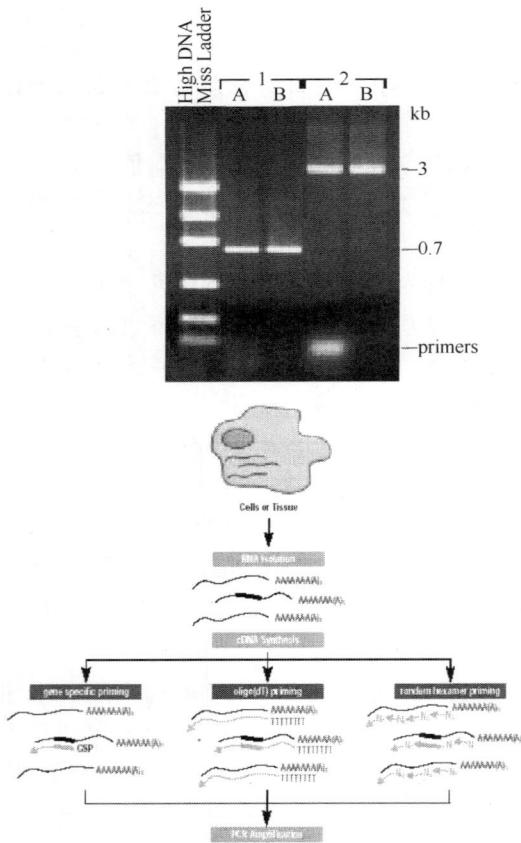

图 9-1　RT-PCR 原理

【基本原理】　RT-PCR 将以 RNA 为模板的 cDNA 合成同 PCR 结合在一起,提供了一种分析基因表达的快速灵敏的方法。RT-PCR 用于对表达信息进行检测或定量。另外，这项技术还可以用来检测基因表达差异或不必构建 cDNA 文库克隆 cDNA。RT-PCR 比其他包括 Northern 印迹、RNase 保护分析、原位杂交及 S1 核酸酶分析在内的 RNA 分析技术，更灵敏，更易于操作。

RT-PCR 的模板可以为总 RNA 或 poly（A）+选择性 RNA。逆转录反应可以使用逆转录酶，以随机引物、oligo（dT）或基因特异性的引物（GSP）起始。RT-PCR 可以一步法或两步法的形式进行。在两步法 RT-PCR 中，每一步都在最佳条件下进行。cDNA 的合成首先在逆转录缓冲液中进行，然后取出 1/10 的反应产物进行 PCR。在一步法 RT-PCR 中，逆转录和 PCR 在同时为逆转录和 PCR 优化的条件下，在一只管中顺次进行（图 9-1）。

【应用】　PCR 能快速特异扩增任何已知目的基因或 DNA 片段，并能轻易在皮克（pg）水平起始 DNA 混合物中的目的基因扩

增达到纳克、微克、毫克级的特异性 DNA 片段。因此，PCR 技术一经问世就被迅速而广

泛地用于分子生物学的各个领域。它不仅可以用于基因的分离、克隆和核苷酸序列分析，还可以用于突变体和重组体的构建，基因表达调控的研究，基因多态性的分析，遗传病和传染病的诊断，肿瘤机制的探索，法医鉴定等诸多方面。通常，PCR 在分子克隆和 DNA 分析中有着以下多种用途：

（1）生成双链 DNA 中的特异序列作为探针；

（2）由少量 mRNA 生成 cDNA 文库；

（3）从 cDNA 中克隆某些基因；

（4）生成大量 DNA 以进行序列测定；

（5）突变的分析；

（6）染色体步移；

（7）RAPD、AFLP、RFLP 等 DNA 多态性分析等。

第三节　实时荧光定量 PCR

【基本原理】　传统 PCR 技术的缺点是只能半定量，在操作过程中易污染，并存在假阳性，使得 PCR 技术的应用受到限制。实时荧光定量 PCR（quantitative real-time PCR）是一种在 DNA 扩增反应中，加入荧光基团，以荧光信号检测每次聚合酶链式反应（PCR）循环后产物总量（即实时监测）的方法，实现了动态检测。

随着 PCR 反应的进行，PCR 反应产物不断累计，荧光信号强度也等比例增加。每经过一个循环，收集一个荧光强度信号，这样我们就可以通过荧光强度变化监测产物量的变化，从而得到一条荧光扩增曲线图（如图 9-2）。

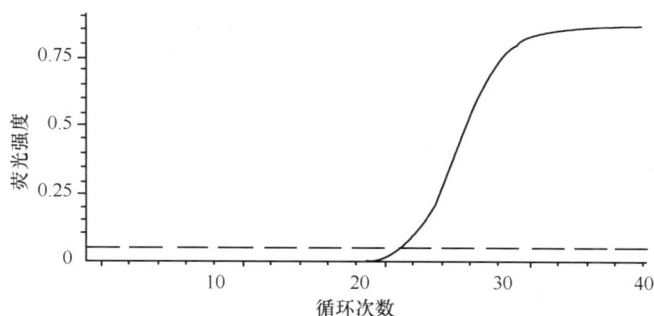

图 9-2　实时荧光扩增曲线图

一般而言，荧光扩增曲线可以分成三个阶段：荧光背景信号阶段，荧光信号指数扩增阶段和平台期。在荧光背景信号阶段，扩增的荧光信号被荧光背景信号所掩盖，我们无法判断产物量的变化。而在平台期，扩增产物已不再呈指数级的增加。PCR 的终产物量与起始模板量之间没有线性关系，所以根据最终的 PCR 产物量不能计算出起始 DNA 拷贝数。只有在荧光信号指数扩增阶段，PCR 产物量的对数值与起始模板量之间存在线性关系，我们可以选择在这个阶段进行定量分析。为了定量和比较的方便，在实时荧光定量 PCR 技术中引入了两个非常重要的概念：荧光阈值和 Ct 值。荧光阈值是在荧光扩增曲线上人为设定的一个值，它可以设定在荧光信号指数扩增阶段任意位置上，但一般我们将荧光域值的缺省设置是 3～15 个循环的荧光信号的标准偏差的 10 倍。每个反应管内的荧光信号到达设定的域值时所经历的循环数被称为 Ct 值（threshold value）。Ct 值与起始模板的关系研究表明，每个模板的 Ct 值与该模板的起始拷贝数的对数存在线性关系，起始拷贝数越多，Ct 值越小。利用已知起始拷贝数的标准品可作出标准曲线，其中横坐标代表起始拷贝数的对数，纵坐标代表 Ct 值。因此，只要获得未知样品的 Ct 值，即可从标准曲线上计算出该样品的起始拷贝数。

【检测方法】　实时荧光定量 PCR 的化学原理包括探针类和非探针类两种，探针类是利用与靶序列特异杂交的探针来指示扩增产物的增加，非探针类则是利用荧光染料或者特殊设计的引物来指示扩增的增加。前者由于增加了探针的识别步骤，特异性更高，但后者则简便易行。

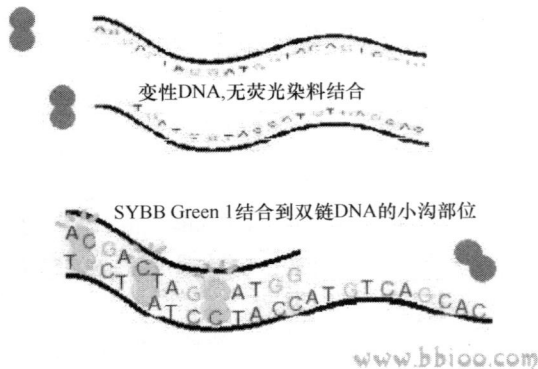

图 9-3　SYBR GREEN Ⅰ 工作原理

1. SYBR Green Ⅰ　SYBR Green Ⅰ是一种结合于小沟中的双链 DNA 结合染料。与双链 DNA 结合后，其荧光大大增强。这一性质使其用于扩增产物的检测非常理想。SYBR Green Ⅰ 的最大吸收波长约为 497nm，发射波长最大约为 520nm。在 PCR 反应体系中，加入过量 SYBR 荧光染料，SYBR 荧光染料特异性地掺入 DNA 双链后，发射荧光信号，而不掺入链中的 SYBR 染料分子不会发射任何荧光信号，从而保证荧光信号的增加与 PCR 产物的增加完全同（图 9-3）。

SYBR Green Ⅰ 在核酸的实时检测方面有很多优点，由于它与所有的双链 DNA 相结合，不必因为模板不同而特别定制，因此设计的程序通用性好，且价格相对较低。利用荧光染料可以指示双链 DNA 熔点的性质，通过熔点曲线分析可以识别扩增产物和引物二聚体，因而可以区分非特异扩增，进一步地还可以实现单色多重测定。此外，由于一个 PCR 产物可以与多分子的染料结合，因此 SYBR Green Ⅰ 的灵敏度很高。但是，由于 SYBR Green Ⅰ 与所有的双链 DNA 相结合，因此由引物二聚体、单链二级结构以及错误的扩增产物引起的假阳性会影响定量的精确性。通过测量升高温度后荧光的变化可以帮助降低非特异产物的影响。由解链曲线来分析产物的均一性有助于分析由 SYBR Green Ⅰ 得到定量结果。

2. 分子信标（molecular beacon）　分子信标是一种在靶 DNA 不存在时形成茎环结构的双标记寡核苷酸探针。在此发夹结构中，位于分子一端的荧光基团与分子另一端的猝灭基团紧紧靠近。在此结构中，荧光基团被激发后不是产生光子，而是将能量传递给猝灭剂，这一过程称为荧光谐振能量传递（FRET）。由于"黑色"猝灭剂的存在，由荧光基团产生的能量以红外而不是可见光形式释放出来。如果第二个荧光基团是猝灭剂，其释放能量的波长与荧光基团的性质有关。分子信标的茎环结构中，环一般为 15～30 个核苷酸长，并与目标序列互补；茎一般 5～7 个核苷酸长，并相互配对形成茎的结构。荧光基团连接在茎臂的一端，而猝灭剂则连接于另一端。分子信标必须非常仔细的设计，以至于在复性温度下，模板不存在时形成茎环结构，模板存在时则与模板配对。与模板配对后，分子信标的构象改变使得荧光基团与猝灭剂分开。当荧光基团被激发时，它发出自身波长的光子（图 9-4）。

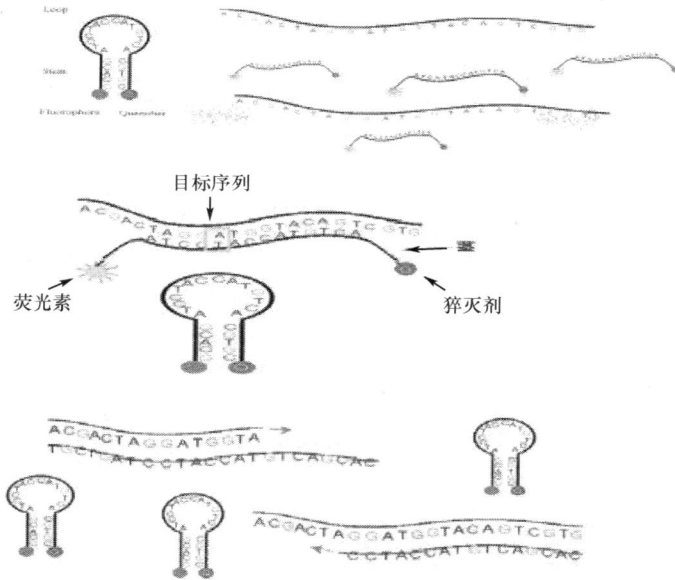

图 9-4 分子信标工作原理

3. TaqMan 探针 TaqMan 探针是多人拥有的专利技术。TaqMan 探针是一种寡核苷酸探针，它的荧光与目的序列的扩增相关。它设计为与目标序列上游引物和下游引物之间的序列配对。荧光基团连接在探针的 5′末端，而猝灭剂则在 3′末端。当完整的探针与目标序列配对时，荧光基团发射的荧光因与 3′端的猝灭剂接近而被猝灭。但在进行延伸反应时，聚合酶的 5′外切酶活性将探针进行酶切，使得荧光基团与猝灭剂分离。TaqMan 探针适合于各种耐热的聚合酶，如 DyNAzyme™ Ⅱ DNA 聚合酶（MJ Research 公司有售）。随着扩增循环数的增加，释放出来的荧光基团不断积累。因此荧光强度与扩增产物的数量呈正比关系（图 9-5）。

【应用】 实时荧光定量 PCR 技术是 DNA 定量技术的一次飞跃。运用该项技术，我们可以对 DNA、RNA 样品进行定量和定性分析。定量分析包括绝对定量分析和相对定量分析。前者可以得到某个样本中基因的拷贝数和浓度；后者可以对不同方式处理的两个样本中的基因表达水平进行比

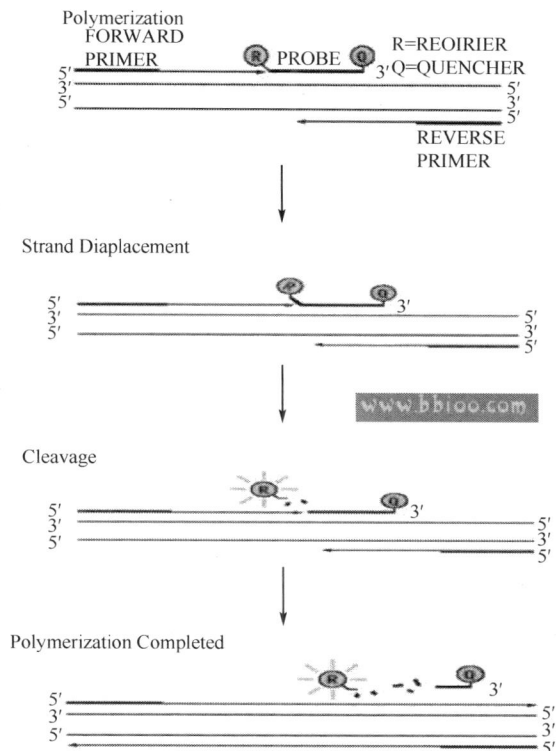

图 9-5 Taqman 探针工作原理

较。除此之外我们还可以对 PCR 产物或样品进行定性分析，例如利用熔解曲线分析识别

扩增产物和引物二聚体，以区分非特异扩增；利用特异性探针进行基因型分析及 SNP 检测等。目前，实时荧光 PCR 技术已经被广泛应用于基础科学研究、临床诊断、疾病研究及药物研发等领域。其中最主要的应用集中在以下几个方面：

1. DNA 或 RNA 的绝对定量分析　包括病原微生物或病毒含量的检测，转基因动植物转基因拷贝数的检测，RNAi 基因失活率的检测等。

2. 基因表达差异分析　如比较经过不同处理样本之间特定基因的表达差异（如药物处理、物理处理、化学处理等），特定基因在不同时相的表达差异以及 cDNA 芯片或差显结果的确证。

3. 基因分型　如 SNP 检测，甲基化检测等。

随着实时荧光定量 PCR 技术的推广和普及，该技术必然会得到更广泛的应用。

第四节　原位 RCR

【基本原理】　原位 PCR（in situ PCR）是将 PCR 技术和原位杂交技术相结合而形成的。PCR 技术能够在反应管中将微量的 DNA 或 RNA 扩增几百万倍进行分析，但它不能反映扩增产物与组织结构间的关系；原位杂交技术能够揭示扩增产物与组织结构间的关系，但它检测的敏感性有限。将二者结合起来，就能够在组织切片、细胞等样品中检测到低拷贝甚至是单拷贝的 DNA 或 RNA，并在细胞形态学上准确定位，进而进行病毒感染、基因突变、染色体易位、基因低水平表达和基因治疗等研究。

【检测方法】　原位 PCR 实验用的标本是新鲜组织、石蜡包埋组织、脱落细胞、血细胞等，一般需要先固定，以保持组织、细胞的形态结构，并增加细胞膜通透性。当进行 PCR 扩增时，PCR 反应的探针、引物、DNA 聚合酶、核苷酸等能有效进入细胞质内和细胞核内，以固定在细胞内或细胞核内的 RNA 或 DNA 为模板，于原位进行扩增。扩增的产物一般分子较大，或互相交织，不易穿过细胞膜或在膜内外弥散，从而被保留在原位。这样原有的细胞内单拷贝或低拷贝的特定 DNA 或 RNA 序列在原位以呈指数级扩增，扩增的产物就很容易被检测。

原位 PCR 根据标记探针分为直接法和间接法两种。直接法指使用标记的引物或游离核苷酸进行原位 PCR 反应，这种标记分子随后进入扩增产物中，扩增结果可直接观察而不需要进行原位杂交。这种方法操作简便、流程短、省时，但易发生引物错配或非特异性退火，而且标记的引物还会降低 PCR 效率。间接法则是在没有标记物的情况下进行 PCR 反应，扩增反应结束后，再用原位杂交技术来检测扩增的信号。该方法可以克服由于 DNA 修复或引物错配引起的非特异性问题，结果可靠，但步骤相对较多，所需时间较长。

【应用】　原位 PCR 技术目前主要应用在三个领域：外源基因检测，基因变异的鉴定和基因表达研究。

（1）检测外源性基因，如 HIV、HPV、HBV、CMV 等。

（2）观察病原体在体内分布规律。

（3）内源性基因片段，如人体的单基因病、重组基因、易位的染色体、癌基因片段等。

（4）检测导入基因。

（5）检测遗传病基因，如 β-地中海贫血。

第五节　PCR 扩增产物分析

PCR 产物是否为特异性扩增，其结果是否准确可靠，必须对其进行严格的分析与鉴定，才能得出正确的结论。PCR 产物的分析，可依据研究对象和目的不同而采用不同的分析方法。

1. 凝胶电泳分析　PCR 产物电泳后，可初步判断产物的特异性。PCR 产物片段的大小应与预计的一致。特别是多重 PCR，应用多对引物，其产物片断都应符合预计的大小。常用的凝胶电泳有：

（1）琼脂糖凝胶电泳　通常应用 1%～2%的琼脂糖凝胶，供检测用。

（2）聚丙烯酰胺凝胶电泳　6%～10%聚丙烯酰胺凝胶电泳分离效果比琼脂糖好，条带比较集中，可用于科研及检测分析。

2. 酶切分析　根据 PCR 产物中限制性核酸内切酶的位点，用相应的酶消化，然后通过电泳分离，获得符合理论的片段。此法既能进行产物的鉴定，又能对靶基因分型，还能进行变异性研究。

3. 分子杂交　分子杂交是检测 PCR 产物特异性的有力证据，也是检测 PCR 产物碱基突变的有效方法。

4. Southern 印迹杂交　在两引物之间另合成一条寡核苷酸链（内部寡核苷酸），标记后作为探针与 PCR 产物进行杂交。此法既可作特异性鉴定，又可以提高检测的灵敏度，还可知其分子量及条带形状，主要用于科研。

5. 斑点杂交　将 PCR 产物点在硝酸纤维素膜或尼龙膜上，再用内部寡核苷酸探针杂交，观察有无着色斑点。主要用于 PCR 产物特异性鉴定及变异分析。

6. 核酸序列分析　利用核酸序列分析仪等测定核酸的序列是检测 PCR 产物特异性最可靠的方法。

【思考题】

（1）在扩增体系中为什么要加入引物？

（2）什么是 Taq DNA 聚合酶，它在扩增中有什么作用？

（3）何为探针？说出探针的应用。

（4）比较三种 PCR 技术的优缺点及应用。

第十章 生物大分子的制备

第一节 生物大分子制备的前处理

生物大分子的制备通常可按以下步骤进行：①确定要制备的生物大分子的目的和要求，是进行科研、开发还是要发现新的物质。②建立相应的可靠的分析测定方法，这是制备生物大分子的关键，因为它是整个分离纯化过程的"眼睛"。③通过文献调研和预备性实验，掌握生物大分子目的产物的物理化学性质。④生物材料的破碎和预处理。⑤分离纯化方案的选择和探索，这是最困难的过程。⑥生物大分子制备物的均一性（即纯度）的鉴定，要求达到一维电泳一条带，二维电泳一个点，或 HPLC 和毛细管电泳都是一个峰。⑦产物的浓缩，干燥和保存。

分析测定的方法主要有两类：即生物学和物理、化学的测定方法。生物学的测定法主要有酶的各种测活方法、蛋白质含量的各种测定法、免疫化学方法、放射性同位素示踪法等；物理、化学方法主要有比色法、气相色谱和液相色谱法、光谱法（紫外／可见、红外和荧光等分光光度法）、电泳法以及核磁共振等。

生物大分子制备物的均一性（即纯度）的鉴定，通常只采用一种方法是不够的，必须同时采用 2～3 种不同的纯度鉴定法才能确定。蛋白质和酶制成品纯度的鉴定最常用的方法是：SDS-聚丙烯酰胺凝胶电泳和等电聚焦电泳，如能再用高效液相色谱（HPLC）和毛细管电泳（CE）进行联合鉴定则更为理想，必要时再做 N-末端氨基酸残基的分析鉴定，过去曾用的溶解度法和高速离心沉降法，现已很少再用。核酸的纯度鉴定通常采用琼脂糖凝胶电泳和聚丙烯酰胺凝胶电泳，但最方便的还是紫外吸收法，即测定样品在 pH 7.0 时 260nm 与 280nm 的吸光度（A_{260} 和 A_{280}），从 A_{260}/A_{280} 的比值即可判断核酸样品的纯度。

制备生物大分子的分离纯化方法多种多样，主要是利用它们之间特异性的差异，如分子的大小、形状、酸碱性、溶解性、溶解度、极性、电荷和与其他分子的亲和性等。各种方法的基本原理基本上可以归纳为两个方面：一是利用混合物中几个组分分配系数的差异，把它们分配到两个或几个相中，如盐析、有机溶剂沉淀、层析和结晶等；二是将混合物置于某一物相（大多数是液相）中，通过物理力场的作用，使各组分分配于不同的区域，从而达到分离的目的，如电泳、离心、超滤等，目前纯化蛋白质等生物大分子的关键技术是电泳、层析和高速与超速离心。

【生物材料的选择】 材料选定后要尽可能保持新鲜，尽快加工处理，动物组织要先除去结缔组织、脂肪等非活性部分，绞碎后在适当的溶剂中提取，如果所要求的成分在细胞内，则要先破碎细胞。植物要先去壳、除脂。微生物材料要及时将菌体与发酵液分开。生物材料如暂不提取，应冰冻保存。动物材料则需深度冷冻保存。

【细胞的破碎】 除了某些细胞外的多肽激素和某些蛋白质与酶以外，对于细胞内或多细胞生物组织中的各种生物大分子的分离纯化，都需要事先将细胞和组织破碎，使生物大分子充分释放到溶液中，并不丢失生物活性。不同的生物体或同一生物体的不同部位的组织，其细胞破碎的难易不一，使用的方法也不相同，如动物脏器的细胞膜较脆弱，容易破碎，植物和微生物由于具有较坚固的纤维素、半纤维素组成的细胞壁，要采取专门的细胞破碎方法。

1. 机械法

（1）研磨：将剪碎的动物组织置于研钵或匀浆器中，加入少量石英砂研磨或匀浆，即可将动物细胞破碎，这种方法比较温和，适宜实验室使用。工业生产中可用电磨研磨。细菌和植物组织细胞的破碎也可用此法。

（2）组织捣碎器：这是一种较剧烈的破碎细胞的方法，通常可先用家用食品加工机将组织打碎，然后再用 10 000～20 000r/min 的内刀式组织捣碎机（即高速分散器）将组织的细胞打碎，为了防止发热和升温过高，通常是转 10～20s，停 10～20s，可反复多次。

2. 物理法

（1）反复冻融法：将待破碎的细胞冷至-20℃到-15℃，然后放至室温（或40℃）迅速融化，如此反复冻融多次，由于细胞内形成冰粒使剩余胞液的盐浓度增高而引起细胞溶胀破碎。

（2）超声波处理法：此法是借助超声波的振动力破碎细胞壁和细胞器。破碎微生物细菌和酵母菌时，时间要长一些，处理的效果与样品浓度和使用频率有关。使用时注意降温，防止过热。

（3）压榨法：是一种温和的、彻底破碎细胞的方法。在 $1000 \times 10^5 Pa \sim 2000 \times 10^5 Pa$ 的高压下使几十毫升的细胞悬液通过一个小孔突然释放至常压，细胞将彻底破碎。这是一种较理想的破碎细胞的方法，但仪器费用较高。

（4）冷热交替法：从细菌或病毒中提取蛋白质和核酸时可用此法。在 90℃ 左右维持数分钟，立即放入冰浴中使之冷却，如此反复多次，绝大部分细胞可以被破碎。

3. 化学与生物化学方法

（1）自溶法：将新鲜的生物材料存放于一定的 pH 和适当的温度下，细胞结构在自身所具有的各种水解酶（如蛋白酶和酯酶等）的作用下发生溶解，使细胞内含物释放出来，此法称为自溶法。使用时要特别小心操作，因为水解酶不仅可以使细胞壁和膜破坏，同时也可能会把某些要提取的有效成分分解了。

（2）溶胀法：细胞膜为天然的半透膜，在低渗溶液和低浓度的稀盐溶液中，由于存在渗透压差，溶剂分子大量进入细胞，将细胞膜胀破释放出细胞内含物。

（3）酶解法：利用各种水解酶，如溶菌酶、纤维素酶、蜗牛酶和酯酶等，于 37℃，pH 8.0，处理 15min，可以专一性地将细胞壁分解，释放出细胞内含物，此法适用于多种微生物。例如从某些细菌细胞提取质粒 DNA 时，可采用溶菌酶（来自蛋清）破细胞壁，而在破酵母细胞时，常采用蜗牛酶（来自蜗牛），将酵母细胞悬于 0.1mmol/L 柠檬酸-磷酸氢二钠缓冲液（pH 5.4）中，加 1%蜗牛酶，在 30℃处理 30min，即可使大部分细胞壁破裂，如同时加入 0.2%巯基乙醇效果会更好。此法可以与研磨法联合使用。

（4）有机溶剂处理法：利用氯仿、甲苯、丙酮等脂溶性溶剂或 SDS（十二烷基硫酸钠）等表面活性剂处理细胞，可将细胞膜溶解，从而使细胞破裂，此法也可以与研磨法联合使用。

第二节　生物大分子的提取

提取是在分离纯化之前将经过预处理或破碎的细胞置于溶剂中，使被分离的生物大分子充分地释放到溶剂中，并尽可能保持原来的天然状态不丢失生物活性的过程。这一过程是将目的产物与细胞中其他化合物和生物大分子分离，即由固相转入液相，或从细胞内的生理状况转入外界特定的溶液中。

影响提取的因素主要有：目的产物在提取的溶剂中溶解度的大小；由固相扩散到液相的难易；溶剂的 pH 和提取时间等。一种物质在某一溶剂中溶解度的大小与该物质的分子结构及使用的溶剂的理化性质有关。一般地说，极性物质易溶于极性溶剂，非极性物质易溶于非极性溶剂；碱性物质易溶于酸性溶剂，酸性物质易溶于碱性溶剂；温度升高，溶解度加大，远离等电点的 pH，溶解度增加。提取时所选择的条件应有利于目的产物溶解度的增加和保持其生物活性。

一、水溶液提取

蛋白质和酶的提取一般以水溶液为主。稀盐溶液和缓冲液对蛋白质的稳定性好，溶解度大，是提取蛋白质和酶最常用的溶剂。用水溶液提取生物大分子应注意的几个主要影响因素是：

1. 盐浓度（即离子强度）　离子强度对生物大分子的溶解度有极大的影响，有些物质，如 DNA-蛋白复合物，在高离子强度下溶解度增加，而另一些物质，如 RNA-蛋白复合物，在低离子强度下溶解度增加，在高离子强度下溶解度减小。绝大多数蛋白质和酶，在低离子强度的溶液中都有较大的溶解度，如在纯水中加入少量中性盐，蛋白质的溶解度比在纯水时大大增加，称为"盐溶"现象。但中性盐的浓度增加至一定时，蛋白质的溶解度又逐渐下降，直至沉淀析出，称为"盐析"现象。盐溶现象的产生主要是少量离子的活动，减少了偶极分子之间极性基团的静电吸引力，增加了溶质和溶剂分子间相互作用力的结果。所以低盐溶液常用于大多数生化物质的提取。通常使用 $0.02\sim0.05$ mol/L 缓冲液或 $0.09\sim0.15$ mol/L NaCl 溶液提取蛋白质和酶。不同的蛋白质极性大小不同，为了提高提取效率，有时需要降低或提高溶剂的极性。向水溶液中加入蔗糖或甘油可使其极性降低，增加离子强度，如加入 KCl、NaCl、NH_4Cl 或（NH_4）$_2SO_4$ 可以增加溶液的极性。

2. pH　蛋白质、酶与核酸的溶解度和稳定性与 pH 有关。过酸、过碱均应尽量避免，一般控制在 pH $6\sim8$ 范围内，提取溶剂的 pH 应在蛋白质和酶的稳定范围内，通常选择偏离等电点的两侧。碱性蛋白质选在偏酸一侧，酸性蛋白质选在偏碱的一侧，以增加蛋白质的溶解度，提高提取效果。例如胰蛋白酶为碱性蛋白质，常用稀酸提取，而肌肉甘油醛-3-磷酸脱氢酶属酸性蛋白质，则常用稀碱来提取。

3. 温度　为防止变性和降解，制备具有活性的蛋白质和酶，提取时一般在 $0\sim5℃$ 的低温操作。但少数对温度耐受力强的蛋白质和酶，可提高温度使杂蛋白变性，有利于提取和下一步的纯化。

4. 防止蛋白酶或核酸酶的降解作用　在提取蛋白质、酶和核酸时，常常受自身存在的蛋白酶或核酸酶的降解作用而导致实验的失败。为防止这一现象的发生，常常采用加入抑制剂或调节提取液的 pH、离子强度或极性等方法使这些水解酶失去活性，防止它们对欲提纯的蛋白质、酶及核酸的降解作用。例如在提取 DNA 时加入 EDTA 络合 DNAase 活化所必需的 Mg^{2+}。

5. 搅拌与氧化　搅拌能促使被提取物的溶解，一般采用温和搅拌为宜，速度太快容易产生大量泡沫，增大了与空气的接触面，会引起酶等物质的变性失活。因为一般蛋白质都含有相当数量的巯基，有些巯基常常是活性部位的必需基团，若提取液中有氧化剂或与空气中的氧气接触过多都会使巯基氧化为分子内或分子间的二硫键，导致酶活性的丧失。在提取液中加入少量巯基乙醇或半胱氨酸以防止巯基氧化。

二、有机溶剂提取

一些和脂类结合比较牢固或分子中非极性侧链较多的蛋白质和酶难溶于水、稀盐、稀酸或稀碱中，常用不同比例的有机溶剂提取。常用的有机溶剂有乙醇、丙酮、异丙醇、正丁酮等，这些溶剂可以与水互溶或部分互溶，同时具有亲水性和亲脂性，其中正丁醇在 0℃时在水中的溶解度为 10.5%，40℃时为 6.6%，同时又用具有较强的亲脂性，因此常用来提取与脂结合较牢或含非极性侧链较多的蛋白质、酶和脂类。例如植物种子中的玉蜀黍蛋白、麸蛋白，常用 70%～80%的乙醇提取，动物组织中一些线粒体及微粒上的酶常用丁醇提取。

有些蛋白质和酶既溶于稀酸、稀碱，又能溶于含有一定比例的有机溶剂的水溶液中，在这种情况下，采用稀的有机溶液提取常常可以防止水解酶的破坏，并兼有除去杂质提高纯化效果的作用。例如，胰岛素可溶于稀酸、稀碱和稀醇溶液，但在组织中与其共存的糜蛋白酶对胰岛素有极高的水解活性，因而采用 6.8%乙醇溶液并用草酸调溶液的 pH 2.5～3.0，进行提取，这样就从下面三个方面抑制了糜蛋白酶的水解活性：① 6.8%的乙醇可以使糜蛋白酶暂时失活；② 草酸可以除去激活糜蛋白酶的 Ca^{2+}；③ 选用 pH 2.5～3.0，是糜蛋白酶不宜作用的 pH。以上条件对胰岛素的溶解和稳定性都没有影响，却可除去一部分在稀醇与稀酸中不溶解的杂蛋白。

第三节 生物大分子的分离和纯化

由于生物体的组成成分是如此复杂，数千种乃至上万种生物分子又处于同一体系中，因此不可能有一个适合于各类分子的固定的分离程序，但多数分离工作关键部分的基本手段是相同的。为了避免盲目性，节省实验探索时间，要认真参考和借鉴前人的经验，少走弯路。常用的分离纯化方法和技术有：沉淀法（包括：盐析、有机溶剂沉淀、选择性沉淀等），离心，吸附层析，凝胶过滤层析，离子交换层析，亲和层析，快速制备型液相色谱以及等电聚焦制备电泳等。

一、透 析

透析是生物化学实验室中常用的分离纯化技术之一。在生物大分子的制备过程中，除盐、除少量有机溶剂、除去生物小分子杂质和浓缩样品等都要用到透析的技术。

透析只需要使用专用的半透膜即可完成。通常是将半透膜制成袋状，将生物大分子样品溶液置入袋内，将此透析袋浸入水或缓冲液中，样品溶液中的大分子量的生物大分子被截留在袋内，而盐和小分子物质不断扩散透析到袋外，直到袋内外两边的浓度达到平衡为止。保留在透析袋内未透析出的样品溶液称为"保留液"，袋（膜）外的溶液称为"渗出液"或"透析液"。

透析的动力是扩散压，扩散压是由横跨膜两边的浓度梯度形成的。透析的速度反比于膜的厚度，正比于欲透析的小分子溶质在膜内外两边的浓度梯度，还正比于膜的面积和温度，通常是 4℃透析，升高温度可加快透析速度。

透析膜可用动物膜和玻璃纸等，但用得最多的还是用纤维素制成的透析膜。商品透析袋制成管状，其扁平宽度为 23～50 mm 不等。为防干裂，出厂时都用 10%的甘油处理过，并含有极微量的硫化物、重金属和一些具有紫外吸收的杂质，它们对蛋白质和其他生物活性物质有害，用前必须除去。可先用 50%乙醇煮沸 1h，再依次用 50%乙醇、0.01 mol/L 碳酸氢钠和 0.001 mol/L EDTA 溶液洗涤，最后用蒸馏水冲洗即可使用。实验证明，50%乙醇处理对除去具有紫外吸收的杂质特别有效。使用后的透析袋洗净后可存于 4℃蒸馏水中，若长时间不用，可加少量叠氮钠，以防长菌。洗净晾干的透析袋弯折时易裂口，用时必须仔细检查，不漏时方可重复使用。

新透析袋如不做上述的特殊处理，则可用沸水煮 5～10min，再用蒸馏水洗净，即可使用。使用时，一端用橡皮筋或线绳扎紧，也可以使用特制的透析袋夹夹紧，由另一端灌满水，用手指稍加压，检查不漏，方可装入待透析液，通常要留三分之一至一半的空间，以防透析过程中，透析的小分子量较大时，袋外的水和缓冲液过量进入袋内将袋涨破。含盐量很高的蛋白质溶液透析过夜时，体积增加 50%是正常的。为了加快透析速度，除多次更换透析液外，还可使用磁子搅拌。透析的容器要大一些，可以使用大烧杯、大量筒和塑料桶。小量体积溶液的透析，可在袋内放一截两头烧园的玻璃棒或两端封口的玻璃管，以使透析袋沉入液面以下。

检查透析效果的方法是：用 1% $BaCl_2$ 检查（NH_4）$_2SO_4$，用 1% $AgNO_3$ 检查 NaCl、KCl 等。

为了提高透析效率，还可以使用各种透析装置。使用者也可以自行设计与制作各种简易的透析装置。

二、超　　滤

超过滤即超滤，广泛用于含有各种小分子溶质的各种生物大分子（如蛋白质、酶、核酸等）的浓缩、分离和纯化。

超滤是一种加压膜分离技术，即在一定的压力下，使小分子溶质和溶剂穿过一定孔径的特制的薄膜，而使大分子溶质不能透过，留在膜的一边，从而使大分子物质得到了部分的纯化。

超滤根据所加的操作压力和所用膜的平均孔径的不同，可分为微孔过滤、超滤和反渗透三种。微孔过滤所用的操作压通常小于 $4×10^4$ Pa，膜的平均孔径为 500Å～14μm（1μm＝10^4Å），用于分离较大的微粒、细菌和污染物等。超滤所用操作压为 $4×10^4$～$7×10^5$ Pa，膜的平均孔径为 10～100Å，用于分离大分子溶质。反渗透所用的操作压比超滤更大，常达到 $35×10^5$～$140×10^5$ Pa，膜的平均孔径最小，一般为 10Å 以下，用于分离小分子溶质，如海水脱盐，制高纯水等。

超滤技术的优点是：操作简便，成本低廉，不需增加任何化学试剂，尤其是超滤技术的实验条件温和，与蒸发、冰冻干燥相比没有相的变化，而且不引起温度、pH 的变化，因而可以防止生物大分子的变性、失活和自溶。

在生物大分子的制备技术中，超滤主要用于生物大分子的脱盐、脱水和浓缩等。

超滤法也有一定的局限性，它不能直接得到干粉制剂。对于蛋白质溶液，一般只能得到 10%～50%的浓度。

超滤技术的关键是膜。膜有各种不同的类型和规格，可根据工作的需要来选用。早期的膜是各向同性的均匀膜，即现在常用的微孔薄膜，其孔径通常是 0.05 nm～1.0μm。近几年来生产了一些各向异性的不对称超滤膜，其中一种各向异性扩散膜是由一层非常薄的、具有一定孔径的多孔"皮肤层"（厚约 0.1μm 和 0.025 nm），和一层相对厚得多的（约 1μm）更易通渗的、作为支撑用的"海绵层"组成。皮肤层决定了膜的选择性，而海绵层增加了机械强度。由于皮肤层非常薄，因此高效、通透性好、流量大，且不易被溶质阻塞而导致流速下降。常用的膜一般是由乙酸纤维或硝酸纤维或此二者的混合物制成。近年来为适应制药和食品工业所需灭菌要求，发展了非纤维型的各向异性膜，例如聚砜膜、聚砜酰胺膜和聚丙烯腈膜等。这种膜在 pH 1～14 都是稳定的，且能在 90℃下正常工作。超滤膜通常是比较稳定的，若使用恰当，能连续用 1～2 年。暂时不用，可浸在 1%甲醛溶液或 0.2%叠氮钠 NaN_3 中保存。

超滤膜的基本性能指标主要有：水通量（L/(m^2·h)）；截留率（以百分率%表示）；化学物理稳定性（包括机械强度）等。

超滤装置一般由若干超滤组件构成。通常可分为板框式、管式、螺旋卷式和中空纤维式四种主要类型。由于超滤法处理的液体多数是含有水溶性生物大分子、有机胶体、多糖及微生物等。这些物质极易黏附和沉积于膜表面上，造成严重的浓差极化和堵塞，这是超滤法最关键的问题，要克服浓差极化，通常可加大液体流量，加强湍流和加强搅拌。

在生物制品中应用超滤法有很高的经济效益，例如供静脉注射的 25%人胎盘血白蛋白（即胎白）通常是用硫酸铵盐析法、透析脱盐、真空浓缩等工艺制备的，该工艺流程硫酸铵耗量大，能源消耗多，操作时间长，透析过程易产生污染。改用超滤工艺后，平均回收率可达 97.18%；吸附损失为 1.69%；透过损失为 1.23%；截留率为 98.77%。大幅度提高了白蛋白的产量和质量，每年可节省大量硫酸铵和自来水。

第四节　冰　冻　干　燥

冰冻干燥机是生化与分子生物学实验室必备的仪器之一，因为大多数生物大分子分离纯化后的最终产品多数是水溶液，要从水溶液中得到固体产品，最好的办法就是冰冻干燥，因为生物大分子容易失活，通常不能使用加热蒸发浓缩的方法。

冰冻干燥是先将生物大分子的水溶液冰冻，然后在低温和高真空下使冰升华，留下固体干粉。

冰冻干燥得到的生物大分子固体样品有突出的优点：①由于是由冰冻状态直接升华为气态，所以样品不起泡，不暴沸。②得到的干粉样品不粘壁，易取出。③冰干后的样品是疏松的粉末，易溶于水。

冰冻干燥特别适用于那些对热敏感、易吸湿、易氧化及溶剂蒸发时易产生泡沫而引起变性的生物大分子，如蛋白质、酶、核酸、抗菌素和激素等。对于极个别的在冻干时易变性失活的生物大分子则要十分谨慎，务必先做小量试验证明冻干无害后方可进行大量处理。

冰冻干燥机有小型、中型和大型工业用冰干机。在实验室中也可以自己组装小型简易的冰冻干燥器。①准备一个较大的玻璃真空干燥器，将样品置于小培养皿中速冻后放入干燥器内，器内已事先用两个小培养皿分别盛有 KOH（或 NaOH）和 P_2O_5，干燥器通过一个两端塞上棉花其中装满 P_2O_5 的干燥管与真空泵相连，抽真空后，经过 5～10h 就可以得到冰冻干燥的样品。②将样品溶液置于一个圆底烧瓶内，将烧瓶浸入干冰-乙醇低温浴（-60℃）中，样品即被速冻成冰块，将烧瓶标准磨口通过磨口管与一个冷阱相连，冷阱内放有干冰-乙醇混合液，冷阱的另一个出口管与真空泵相连，抽真空时汽化的水汽就冻结在冷阱的内壁上，抽真空数小时后即可在烧瓶中得到冻干的样品。此简易装置也可用于冻干含有少量乙醇、甲醇、丙酮等常用有机溶剂的样品，可重复以下的操作除去这些有机溶剂：样品速冻→抽真空至恒定→使样品升温至室温挥发有机溶剂→再速冻样品，如此反复多次，以除净有机溶剂，否则样品不易冻干，且泵前应装有保护真空泵的缓冲瓶，以吸收水分和有机溶剂。

冰冻干燥特别适用于那些对热敏感、易吸湿、易氧化及溶剂蒸发时易产生泡沫而引起变性的生物大分子，如蛋白质、酶、核酸、抗菌素和激素等。对于极个别的在冻干时易变性失活的生物大分子则要十分谨慎，务必先做小量试验证明冻干无害后方可进行大量处理。

冰冻干燥操作虽然十分简单，但以下的注意事项却必须认真汲取。

1. 样品溶液

（1）样品要溶于水，不含有机溶剂，否则会造成冰点降低，冰冻的样品容易融化，因而减压时会起大量泡沫，使样品变性、污染和损失。同时若含有有机溶剂，被抽入真空泵后溶于真空泵油，使其可达真空度降低而必须换油。

（2）样品要预先脱盐，不可使盐浓度过高，否则冰冻后易融化，影响样品活性，而且不易冻干。

（3）样品缓冲液在冰冻时 pH 可能会有较大变化，例如 pH 7.0 的磷酸盐缓冲液在冰冻时，磷酸氢二钠比磷酸二氢钠先冻结，因而使溶液 pH 下降而接近 3.5，使某些对低 pH 敏感的酶变性失活，此时需加入 pH 稳定剂，如糖类和钙离子等。

（4）样品溶液的浓度不要过稀，例如蛋白质的浓度不低于 15 mg/ml 为宜。同批冻干的样品液浓度不宜相差太大，以免冻干的时间相差过大。

2. 装样品溶液的容器

（1）最好用各种尺寸的培养皿盛样品溶液，液层不要太厚，以免冻干时间太长，耗电太多。也可以使用安瓿并和青霉素小瓶。用烧杯时液层厚度不要超过 2 cm，否则烧杯易冻裂。

（2）冻干稀溶液时会得到很轻的绒毛状固体样品，容易飞散而损失和造成污染，因而要用刺了孔的薄膜或吸水纸包住杯口，刺的孔不要过小过少，否则会影响冻干速度。

3. 溶液冰冻   如有条件，尽可能用干冰～乙醇低温浴速冻，如能将盛有样品溶液的容器边冻边旋转形成很薄的冰冻层，则可以大大加快冻干的速度。

4. 冻干

（1）样品全部冻干前，不要轻易摇动，以防水蒸气冲散冻干的样品粉末。

（2）样品冻干达到较高真空度时，容器外部有时会结霜，若外霜消失，则说明样品已冻干，或是仅剩样品中心的小冰块，再稍加延长冻干时间即可。

（3）冻干后要及时取出样品，以免样品在室温下停留时间过长而失活。

（4）仃真空泵时要先放气，以免泵油倒灌。放气时要缓慢，以免气流冲散样品干粉。

（5）样品冻干后要及时密封冷藏，以防受潮。

（6）真空泵要经常检查油面和油色，油面过低和油色发黑，则需换油，通常半年或一季度至少要换一次油。

【思考题】

请简述生物大分子提取、分离、纯化的基本步骤。

第十一章 AC9000型电解质分析仪使用

一、仪器使用要求

（1）电源要求为220V。

（2）配有接地插座，接地线必须可靠，如电压不在所需范围内需外接稳压电源。

（3）安装场地要求无强磁场干扰，如不能撤走强电磁干扰源，则应更换安装地点。

（4）安装场地要求无尘洁净，平稳无振动，避免阳光直射。

（5）仪器安装位置应为较宽敞的地方，以保证遇紧急情况时操作人员可方便地关闭仪器电源，即使手场地条件限制，仪器电源开关也应与周边其他物体如墙壁灯，保持不小于25cm的距离。

（6）环境温度在5～40℃，最大相对湿度不超过85%。

二、开 机 准 备

开机前注意下列事项以便工作：

（1）检查仪器连接情况，确认电缆线与仪器连接好。

（2）正确处理废液：确认废液管与废液瓶连接好，必要时应倒空废液瓶。避免自身污染、环境污染和仪器污染。

（3）检查打印纸：开机正常工作之前，检查打印纸轴上是否有足够的纸，换纸时必须打开仪器上方的盖子。

（4）准备活化液、去蛋白液、定标液、试剂盒样品。

三、开 　 机

打开仪器后面的电源开关，预热半小时。

（1）开机自检，当仪器显示"仪器系统正常"后，表示仪器系统工作正常，之后仪器进行"活化电极"。

（2）活化电极：仪器使用一段时间后，Na电极活性降低，斜率下降，pH电极毫伏上升，测量样本时将会影响准确性，当Na电极斜率低于45，pH电极毫伏高于140毫伏时，需活化电极。

将活化剂倒入样品杯，放入进样盘"FLUSH"位，按下YES，仪器吸入活化剂，进行活化，大概需要100s结束后仪器显示"系统正在清洗"，清洗结束后，进行校准。

（3）校准：

1）样品泵校准：样品泵在使用过程中，甬管老化，造成吸液量的改变，为保证样品的准确吸液量，仪器设备设有泵校准程序。

2）两点离子校准。

3）TCO_2校准：是确定TCO_2的斜率，并判断其斜率/毫伏是否稳定，是否在规定范围。

四、设　　定

主菜单下按"3"，进入设定菜单，设定日期、时间、A/B、校准、打印、报告。

五、服　　务

在主菜单下，按"4"，进入服务菜单：系统校准、仪器保养、显示数据、毫伏检查。

六、测　　试

（一）实验选择

实验之前，应满足下列有条件：

1. 血样处理　安全性：采集样本时必须遵守基本的防范规则，所有的血液样本都有潜在的传染性，因此必须掌握安全的血液采集技术。

样本要求：通常采用静脉血，对于血清测试，样本在采集后应至少静置 30min 后方可离心测定。对于全血和血浆，应使用不会影响电解质值得肝素锂作为抗凝剂。样本如需储藏，必须密封且冷藏在 4～8℃的环境中。冷藏的样本在使用前必须恢复到室温以后方可使用。所有样本必须无溶血，溶血会使得钾离子的值升高。

2. 血清处理　血清是血样凝固后析出的液体。血液凝固的本质是血浆内的可溶性纤维蛋白原转化为不溶解的纤维蛋白，纤维蛋白呈细丝状，互相交织成网，网罗大量血细胞，形成凝胶状的血块。血凝后 30～60min，血凝块中的血小板收缩蛋白收缩，使血块回缩变硬，挤出清澈的液体，成为血清。血清与血浆的区别在于，血清缺乏纤维蛋白原和参与凝血的凝血因子，但又增添了凝血过程中由血小板释放的少量物质。

处理要求：为了节省时间，必要时可离心（2500r/min 离心 4min，）分离血清。制备血清必须防止溶血。

3. 尿样处理　由于每次排出尿液浓度各不相同，故须留取 24h 尿液，所有尿液全部收集于容器中保存，将一份尿液与两份去离子水稀释后检测。

4. 质控样本　AC9000 建议用户每天一次或定期尽心质控监测，应选用经注册认可的质控品，其中 K^+、Na^+、Cl^-、TCO_2 的测定采用冻干质控血清作为质控物，Ca^{2+} 和 pH 采用水剂为基质的定值质控物。

（二）测量

1. 仪器标定　仪器系统校准应正常通过，如仪器系统校准不能通过而强制进入主菜单，测量样本将会得出错误的结果。

2. 分析　在出菜单下，按"1"进入分析菜单，选择分析的样本（血样分析或尿样分析），并输入样品盘号（最小 00，最大 99）、样本起始位号、样本结束位号并确认，根据需要选择是否"编辑病员样本"编辑好病员样本后，按"YES"，开始测量，并显示结果。

（三）关于测量过程中的注意事项

1. 样本备好的输入　小于 20 个样本的输入：如果当日有 15 个样本，现将样本依次放入 1 到 15 个样本位中，然后将盘号设为 01，起始位号设为 01，结束位号设为 15，输入完毕后仪器将自动进行测量。

大于 20 个样本的输入：如果当日有 30 个样本，由于一个盘最多放置 20 个样本，所以一次无法将全部样本放入样本盘中，必须分两次完成。方法如下，先将 20 个样本放入样本盘中，将盘号设为 01，起始位号设为 01，结束位号设为 20，输入完毕后仪器自动测量，测量结束后，将剩余的 10 个样本放入样本盘中，将盘号设为 02，起始位号设为 01，结束位号设为 10，输入完毕后，仪器自动测量。

2. 样本准确性提高　有时需要在测量前和测量后做质控品，此事将起始位号设为"00"，将质控品分别放在"QC1"和"QC2"位，仪器会在分析第一个样本前先做 QC1，分析完最后一个样本后做 QC2，为了节省质控品，建议用户在做完 QC1 后将同一个样本杯再放入 QC2。

3. 分析急诊的操作　如果在测量过程中需插入急诊，首先将急诊样本放在"ST"位，然后按"0"键，仪器在完成当前样本测量后将转作急诊，屏幕会出现急诊菜单，用户按提示操作，当前急诊做完后提示"是否继续急诊"，按"YES"继续测量下一个急诊，按"NO"仪器自动进入样本测量。

4. 紧急退出的操作　在测量过程中，如需紧急退出测量程序，按"NO"键，仪器完成当前样本测量后即回到主菜单，未测样本不再测量，重新测量未测样本时需再进行设置。

【思考题】

（1）请简述电解质分析仪的工作原理。

（2）FLUSH、QC1、QC2 和 ST 位分别放置什么试剂？

第十二章　DS-3C 微量元素检测仪的使用

一、血样的处理

取 600μl 稀释液+鲜血 40μl，摇匀，即可使用。

二、元素检测操作流程

1. 开机登录　点击"数据库操作"—"检查登记"，输入病人的信息。

2. 锌铁的检测　图 12-1、图 12-2。

（1）在电解池中加入 1ml 的测锌铁溶液+150μl 溶好的血样。即可上机检测。

（2）点击"元素分析"—"样品分析"—"锌"—"开始实验"—"曲线微分（对所有显示的曲线进行微分操作）"—手动寻值—求峰值时点击鼠标左键左拖（左为波谷，右为波峰）锌的电位值为–1.42V 左右，铁的电位值是–1.56V 左右，—点击右下角其含量数值—点击"确定"。锌铁相互转换须点击"数据处理"—"标定含量"，选择要转换到的元素上，然后找到其电位进行左拉线，即可求得值。

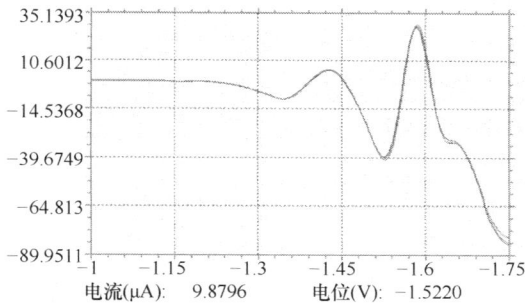

图 12-1　锌铁的原始曲线

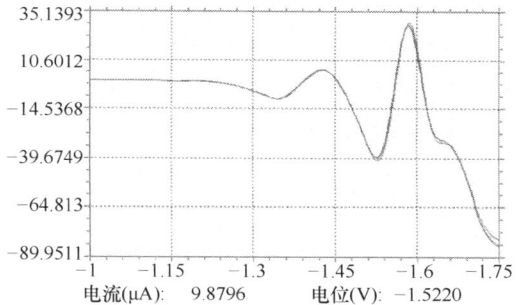

图 12-2　锌铁的微分曲线

3. 铜的检测　图 12-3、图 12-4。

（1）在已测完锌铁的溶液中加入 100μl 的测铜溶液。即可上机检测。

（2）铜的电值为 −0.46V 左右，求峰值时点击鼠标左键左拖（左为波谷，右为波峰）。

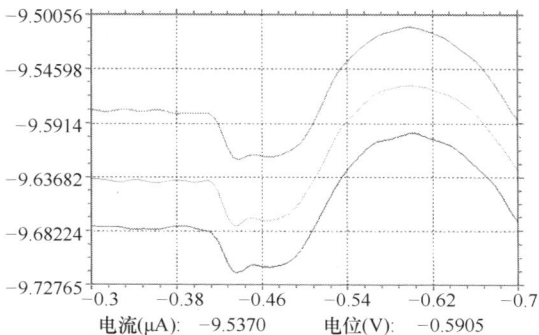

图 12-3　铜的原始曲线

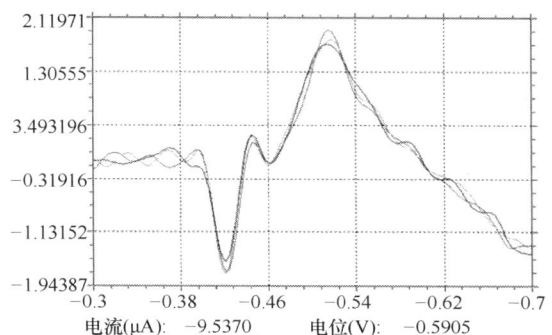

图 12-4　铜的微分曲线

4. 钙的检测 图 12-5、图 12-6。

（1）钙溶液的配制

1）钙镁添加剂（干粉）加入 5ml 水溶液稀释、摇匀。

2）在瓶中加入 30ml 测钙溶液+加入 100µl 上述液体。摇匀、放置 0.5h 后可以使用。有效期 2 天（气温高时，有效期缩短）。

3）加入血样后，放置 2min 左右，如果 2min 内液体颜色发生改变，不能使用，需要重新配制钙溶液。

（2）在电解池中加入钙溶液 1ml+溶好的血样 50µl。即可上机检测。

（3）钙的电位值为–0.82V 左右，求峰值时点击鼠标左键左拉（左为波谷，右为波峰）。

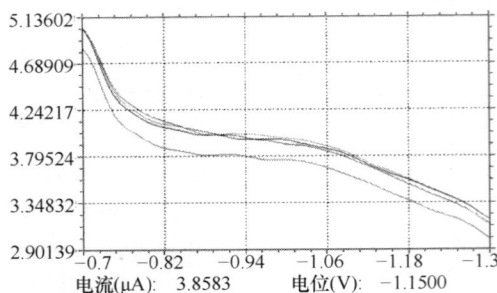

图 12-5　钙的原始曲线

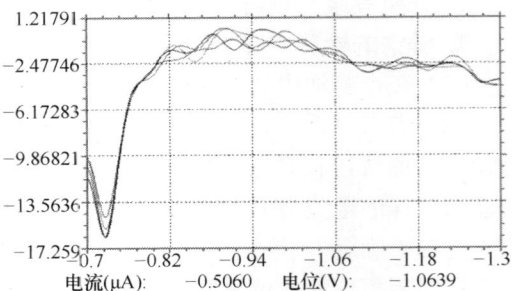

图 12-6　钙的微分曲线

5. 镁的检测 图 12-7、图 12-8。

（1）镁溶液的配制：在瓶中加入 30ml 测镁溶液+加入 600µl 已配好的钙镁添加剂。摇匀、放置 1d 后可以使用。有效期 1 周（气温高时，有效期缩短）。

（2）在电解池中加入镁溶液 1ml+溶好的血样 50µl。即可上机检测。

（3）镁的电位值为–1.06V 左右，求峰值时点击鼠标左键左拉（左为波谷，右为波峰）。

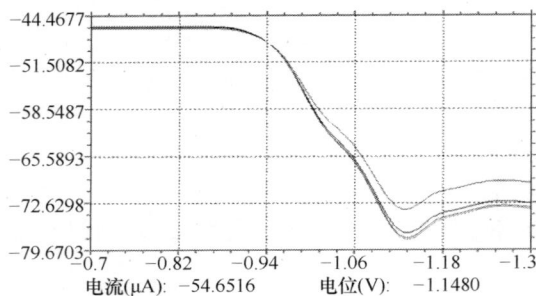

图 12-7　镁的原始曲线图

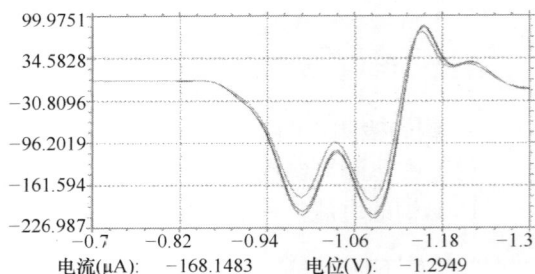

图 12-8　镁的微分曲线

6. 铅的检测 图 12-9、图 12-10。

准备工作。

在长毛绒布上洒一层三氧化二铬粉，用水调至糊状。

用握毛笔姿势握住电极在三氧化铬上，压力适中，研磨 30s。

用洗衣粉或清洁剂清洗电极侧面去除电极杆上的残留三氧化铬。

将电极安装到电极杆上。

用移液器移取 1ml 镀汞液移入电解池中。

在微机程序界面上"实验"下拉菜单中寻找"镀汞",并点击。

在实验次数中选定次数,一般选定 4 次,间隔时间 3s。

确认后,镀汞程序自动运行到结束。

镀汞结束后,用一个新电解池加入 1ml 清洗液,再安装到工作位置。

点击运行,清洗自动完成。

进行检测

(1)在电解池中加入 1ml 的测铅溶液+300μl 溶好的血样。即可上机检测。

(2)点击"元素分析"——"样品分析"——"铅"——"开始实验"——"曲线微分(对所有显示的曲线进行微分操作)"——手动寻值——铅的电位值为–0.5V 左右,求峰值时点击鼠标左键右拉(左为波峰,右为波谷)——点击右下角其含量数值—点击"确定"。

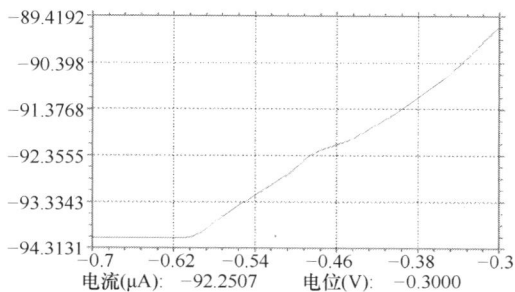

图 12-9　铅的原始曲线

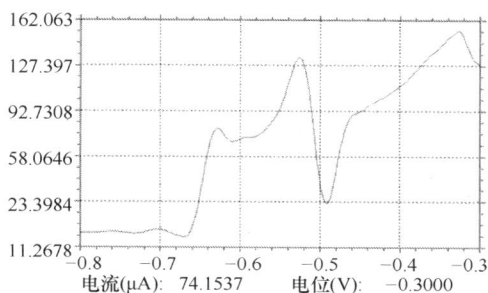

图 12-10　铅微分曲线

三、检测完毕后进行打印

点击"数据库操作"—"半页打印"—"打印"。

四、定 标 方 法

1. 标准参考物质的处理

(1)粉状的干血(标准参考物质)加入 900μl 的水溶液,摇匀、放置 2h 后,即可使用。

(2)用 600μl 的稀释液+上述溶好的干血样 40μl,摇匀。

2. 以锌铁为例定标(其他元素依此类推)

(1)在电解池中加入 1ml 的测锌铁溶液+150μl 溶好的标准血样,即可上机检测。

(2)点击"元素分析"——"样品分析"——"锌"——10 次,间隔 3s 检测完成后,获得原始曲线图 12-11、图 12-12。

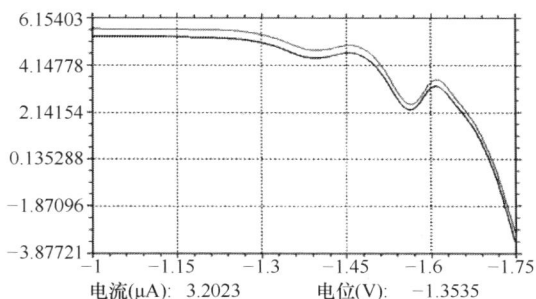

图 12-11　锌标准液的原始曲线

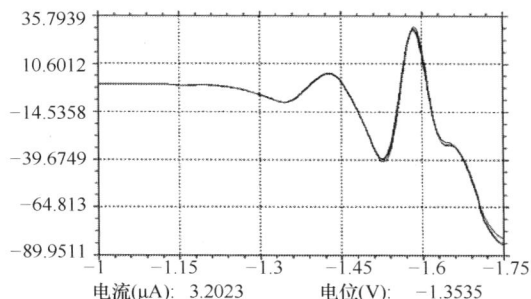

图 12-12　锌标准液的微分曲线

进行曲线微分，求出峰值的平均值并记录。

3. 点击"数据处理"按扭—点击"两点曲线法"，出现下图（图12-13）。

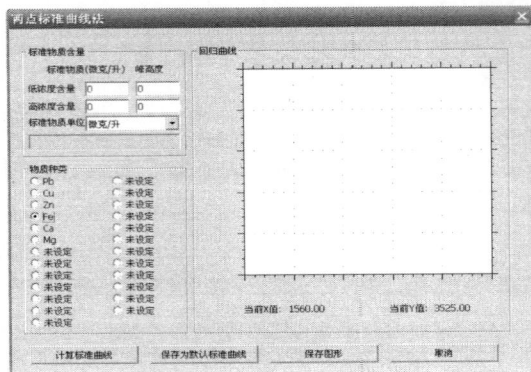

图 12-13　两点曲线法作图界面

4. 设置　低浓度含量和峰高度设置为0。高浓度含量设置为标准物质的该元素含量，高浓度的峰高度设置为上述求出的峰值的平均值。注意：使用干血（标准物质）。

5. 物质种类选为被定标物质

6. 保存　依次点击"计算标准曲线""保存为默认标准曲线"按扭。

五、数据库的操作

点击"数据库操作"——"检测信息浏览"，可以进行病人信息的登记、查询、修改已登记的病人信息等（图12-14）。

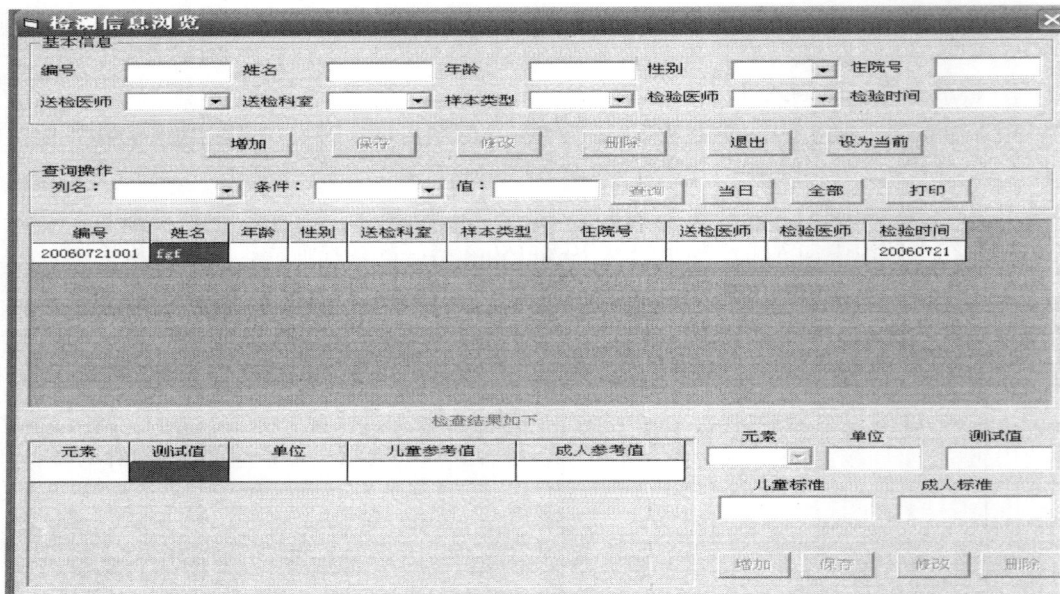

图 12-14　数据库操作界面

其中，程序面上的"设为当前"按纽的作用为：对已登记过的多个病人的检测，打印享有优先权。例，若同时登记多个病人的信息时，程序默认最后一人最先可检测，此时若要想先检测某人，只须把某人"设为当前"即可优先检测。

另种情况：当正检测某病人时，中间误关掉软件或中途断电时，须重新启动软件，点击"数据库操作""检测信息浏览"，找到没有做完的病人，在其名字上单击选蓝，然后点击"设为当前"按纽即可继续检测；

打印时用到的"设为当前"：检测完病人后没有立即打印其报告，之后误关掉软件或非当天要打印病人报告。其后须打印其病人报告单时：启动软件之后，点击"数据库操作"，"检测信息浏览"，找到要打印病人的名字点击选蓝后，点击"设为当前"即可进行打印此病人的报告单。

六、静汞电极安装顺序

（一）毛细管安装

（1）先取下电极头下端的毛细管紧固螺母。

（2）将毛细管不锈钢头一端推入安装座内，将毛细管易观察的一面面对操作者。

（3）将毛细管紧固螺母套在毛细管上，上推到螺纹处，用手旋紧到旋不动为止。

（4）装毛细管时注意安装座内要有橡胶垫，否则将造成不可逆损坏。

（二）加汞

（1）将纯净汞备好，凡属于用过的汞未经处理及沾水的汞不可再用。

（2）将电极头侧面的加汞孔上的螺丝拆下。

（3）用随机器所配的注射器抽汞，抽时要缓慢。

（4）抽出汞时要平端注射器，防止洒汞，将注射器针头插入加汞孔一定深度，到有阻挡物时止。

（5）将汞缓缓注入，同时观察汞池内汞面高度。

（6）汞时注意汞平面高度最高时应低于观察孔上端 1cm，加汞量不要超过 30ml，如果加汞太多，汞有可能从加汞孔溢出。

（7）加汞完毕将加汞孔螺丝拧上。至此，安装工作结束。

（三）出汞检查

取一烧杯自来水或用底液作溶液，将毛细管口浸入溶液中，重复按"手动敲击"键，同时观察毛细管下端管口，如有气泡逐渐增大，说明汞还在排出，应该继续按键；正常情况下，随着敲击次数增加，可观察到毛细管口有小气泡出现，之后汞柱逐渐下移，直到管口形成汞滴，在汞柱下移期间有断续的现象，这是正常现象，待气泡排尽后，汞柱连续。有时听到开阀声音但无汞滴，应观察是否有气泡出现，如有气泡则应耐心的敲击，气泡排尽后汞柱将会出现，如果即无气泡也无汞滴出现，可按照更换橡胶垫的办法拆卸毛细管定位套，直接观察有无汞滴排出，如果无汞滴排出，则调整汞滴大小调整旋钮（顺时针旋转）如仍不能解决问题，则可能发生堵塞现象，应与厂方联系解决。

七、汞柱断线处理

汞柱畅通不间断是电极正常工作之关键，检验畅通与否应在毛细管口有汞滴悬挂的前提下，用电表电阻挡测量，如有连续断线，应按一下处理。

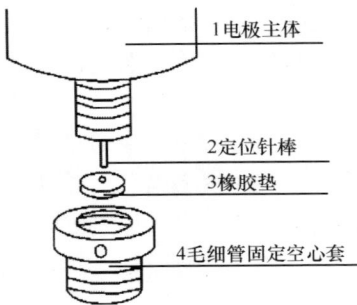

图 12-15　更换橡胶垫示意图

（1）可能紧固压力不够，比较用力拧紧，之后观察现象有无改善，如断线现象依然存在，说明非此原因造成，不可再加力调整，应改用其他方法解决。

（2）更换毛细管橡胶垫（图 12-15）。拆下毛细管紧固套，取下毛细管，再逆时针旋转毛细管空心定位套，暴露出橡胶垫，取下并以未用过的备用橡胶垫更换之，恢复原样后再试。

（3）更换毛细管再试，一般可解决问题。

通过以上三个方面的尝试一般应解决问题，如仍不能解决，请与厂方联系。

特别强调的是：毛细管安装完毕并正常使用后，无十分必要应尽量少拆卸毛细管。如必须拆卸后再安装，发现问题应更换橡胶垫。该橡胶垫厚度及弹性有一定要求，不要自制，缺少可向厂方索要。

八、汞阀调整

汞阀控制汞的流出，此调整螺丝在出厂时已调整完毕，一般无需再动，但长时间使用会出现各种情况，有时需要调整。需要调整时按以下办法调整：

将"汞滴调整"电位器左旋到底（关到最小），打开仪器前盖，可看到静汞电极头上的挡板，拆掉挡板可看到电极头上端。电极头的上端有两个锁紧螺丝和一个调整螺丝，锁紧螺丝是专用于锁紧调整螺丝的，而调整螺丝决定汞阀开度大小。先将调整螺丝顺时针缓缓旋转，感觉到底时停止，再缓缓后退（逆时针旋），后退角度要小，同时按"手动敲击"键，边按键边缓慢调整螺丝，能感受到敲击之后还有一动作为开阀动作，再继续后退，可感觉到开阀大小改变，当调至再逆时针旋转过头不再开阀时，此为最大，再顺时针旋转回调，观察感受到可靠开阀时，并有汞排出，可将锁紧螺丝拧紧即可。调此阀时速度要慢一些。阀不要开的太大，否则汞滴难以控制（图 12-16）。

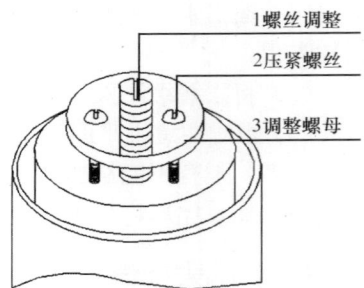

图 12-16　汞滴大小调整示意图

九、注意事项

（1）电极工作正常后，如无必要，毛细管不要轻易反复拆卸，拆卸后再安装如发现有无法排尽的气泡应更换橡胶垫。

（2）毛细管已作化学处理，下端口不要接触强酸强碱。

（3）每次工作结束应用纯水冲洗毛细管端口，之后用滤纸将下端口的水吸干，在空气中放置，长期不使用电极时，不要在水溶液或底液中长期浸泡。

（4）长期使用后，毛细管可能因为各种原因造成汞滴挂不住现象，即无论汞滴大小，在形成汞滴后均自动落下，其原因是毛细管口发生物理状态变化所致，可更换毛细管或将端口截去一段后仍可继续使用，截时先用三角形小锉刀沿圆周锉一道沟，尽量深一些，然后用钳子将要去掉部分扳去即可，截后要求断面平整。截后的断面不允许用砂纸等再打磨。断面无论平整与否，只要对挂汞滴无影响，即可正常使用。

（5）长时间不使用电极，再次使用时，有刚开始不出汞的现象，此非电极故障，应手动连续敲击几次，观察出汞后再使用，此为正常现象。

（6）静汞电极性能是极谱功能的基础，安装及简单故障的排除应掌握。分析过程如有异常应先检查电极是否正常。

十、常见仪器故障

故障见表 12-1。现象：仪器自检正常，电极扫描时出现直线；扫描结束后出现杂峰。

表 12-1　微量元素检测仪常见故障及排除

现象	排除方法
参比电极饱和 KCl 没加满	取下橡胶套，用移液器加满饱和 KCl
参比电极下端或内部有气泡	取下甘汞电极，用力甩；排除气泡
参比电极：铂丝电极上端与 R、C 端口接触不良	取下连接处，重新压紧与 R、C 端口
参比电极饱和 KCl 变色	取下橡胶套，用力甩出溶液；再用移液器加满饱和 KCl
铂丝电极外套黑色热缩管处断裂	可用一针灸用银针代替铂丝电极，重新连接好
毛细管有气泡	旋紧毛细管，紧固大螺帽，将毛细管压紧，耐心手动敲击排除气泡
毛细管下端中断或管口处中断	可重新换毛细管一试

十一、程序恢复

重新启动电脑时连续按 F11 键，系统会自动恢复所有原来已做的备份

【思考题】

（1）以测定铁为例说出其操作步骤。

（2）说出调整汞滴大小时的注意事项。

第三篇　生物化学与分子生物学实验项目

第十三章　蛋白定量测定

第一节　酚试剂法（改良 Lowry）

【实验目的】

（1）熟悉 Lowry 法测定血清蛋白含量的原理。

（2）掌握直接比色法和标准曲线的绘制。

【实验原理】　本法主要是利用酚试剂显色。酚试剂中的主要成分是磷钼酸和磷钨酸，蛋白质分子中的胱氨酸、酪氨酸、色氨酸和组氨酸均能使它们失去 1 个、2 个或者 3 个氧原子，还原成含有多种还原型的混合酸，具有特殊的蓝色。由于蛋白质肽键在碱性条件下发生烯醇化反应，能使铜离子螯合在肽结构中，形成复合物，从而使电子易于转移到酚试剂上。这样大大地增强了酚试剂对蛋白质的敏感性。利用蓝色深浅与蛋白质浓度的关系，可制备标准曲线，测定样品中蛋白质的含量。反应如下：

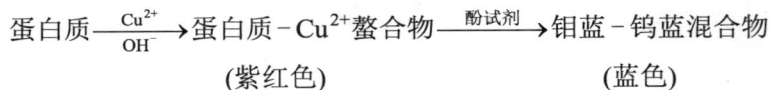

$$蛋白质 \xrightarrow[OH^-]{Cu^{2+}} 蛋白质 - Cu^{2+}螯合物 \xrightarrow{酚试剂} 钼蓝 - 钨蓝混合物$$

$$\text{(紫红色)} \qquad\qquad\qquad\qquad \text{(蓝色)}$$

【器材与试剂】

器材：试管、分光光度计、恒温水浴锅、微量移液器等。

试剂：

（1）试剂 A：称取酒石酸钾钠 2g，Na_2CO_3 100g 溶于 500ml 1.0mol/L NaOH 溶液中，再用蒸馏水稀释至 1000ml。

（2）试剂 B：称取酒石酸钾钠 2g，$CuSO_4 \cdot 5H_2O$ 1g，分别溶于少量蒸馏水中，混匀后加蒸馏水至 90ml，再加 10ml 1mol/L NaOH 即成。

（3）试剂 C：

1）市售的酚试剂按 1：15 倍稀释即可。

2）自配：称取 $Na_2WO_4 \cdot 2H_2O$ 100g，$Na_2MoO_4 \cdot 2H_2O$ 25g 溶于 700ml 水中，加入 85% H_3PO_4 50ml，浓 HCl 100ml，混匀后置圆底烧瓶中回流 10h，加入硫酸锂（$Li_2SO_4 \cdot H_2O$）150g，蒸馏水 50ml，溴水数滴，煮沸 15min 以除去余溴，冷却后稀释至 1000ml，过滤溶液应为金黄色，置棕色瓶中保存临用时 1：15 稀释即可。

（4）0.9% NaCl。

【实验步骤】

（一）标准曲线的制备

1. 取蛋白标准液　标准液浓度为：蛋白 70mg/ml。先用生理盐水配制成一系列不同浓度的蛋白标准溶液。

1液：先将标准蛋白液用生理盐水500倍稀释，即准确吸取0.1ml血清置于50ml容量瓶中，用生理盐水稀释至刻度。

2液：取1液7.5ml加生理盐水稀释至10ml为667倍稀释液。

3液：取1液5.0ml加生理盐水稀释至10ml为1000倍稀释液。

4液：取3液5.0ml加生理盐水稀释至10ml为2000倍稀释液。

5液：取4液5.0ml加生理盐水稀释至10ml为4000倍稀释液。

另取6支试管，用一支1ml的吸管从稀到浓，吸取上述稀释好的标准液置试管中，按表13-1操作。

表13-1 酚试剂法测定蛋白中不同浓度标准蛋白液反应液配制

编号	1	2	3	4	5	6
蛋白质浓度（μg/ml）	17.5	35	70	105	140	0
标准溶液（ml）	(5)1.0	(4)1.0	(3)1.0	(2)1.0	(1)1.0	—
生理盐水（ml）	—	—	—	—	—	1.0
试剂A（ml）	0.9	0.9	0.9	0.9	0.9	0.9
	混匀，50℃水浴10min，冷却					
试剂B（ml）	0.1	0.1	0.1	0.1	0.1	0.1
	混匀，室温放置10min					
试剂C（ml）	3.0	3.0	3.0	3.0	3.0	3.0

注：立即混匀，50℃水浴10min，冷却，波长650nm，6号管调零，读取其他各管吸光度

2. 制作标准曲线 以各标准溶液浓度为横坐标，各管的吸光度为纵坐标作图，得标准曲线。

标准曲线必须从零点出发，最好能成一直线，绘好后应注明所用仪器的型号及编号、波长、测定方法、曲线名称与制作日期。

（二）蛋白质样品的测定

取2支试管，按下表操作（表13-2）：

表13-2 酚试剂法测定蛋白中蛋白样品反应液配制

试剂 \ 试管	测定管	空白管
未知样品（ml）	1.0	—
生理盐水（ml）	—	1.0
试剂A（ml）	0.9	0.9
	混匀，50℃水浴10min，冷却	
试剂B（ml）	0.1	0.1
	混匀，室温放置10min	
试剂C（ml）	3.0	3.0

注：立即混匀，50℃水浴10min，冷却，波长650nm，读取吸光度。再查标准曲线，求得未知样品中蛋白含量，以mg/ml为单位

【注意事项】

（1）测定蛋白质的浓度最好在 15～110μg 范围内，如样品蛋白浓度过浓，应稀释后再测定。

（2）各管在加酚试剂时必须快速，立即混匀，不应出现混浊。

第二节　紫外分光光度法

【实验目的】

（1）掌握紫外分光光度法测定蛋白质含量的方法。

（2）了解标准曲线的绘制和回归分析。

【基本原理】　蛋白质组成中常含有酪氨酸等芳香族氨基酸，在紫外光 280nm 波长处有最大吸收峰，故可以利用 280nm 波长的光吸收程度（即吸光度）与蛋白质浓度在一定范围内成正比关系。

【器材】　试管、分光光度计、微量移液器等。

【实验步骤】

1. 配制标准溶液　利用已知浓度的蛋白标准品制成具有浓度梯度的标准溶液，在紫外-可见分光光度计上测定 A_{280} 值，以浓度为横坐标，A_{280} 为纵坐标，作线性浓度梯度标准品溶液的配制。

（1）将浓度为 79.6mg/ml 总蛋白标准品稀释到 1.0mg/ml。

（2）按表 13-3 的倍比稀释，配制标准液。

表 13-3　不同浓度蛋白标准液的配制

管号	1	2	3	4	5
TP 标准品浓度（mg/ml）	1.0	0.5	0.25	0.125	0
TP 加入体积（ml）	4	3.0 ml TP（1）	3.0 ml TP（2）	3.0 ml TP（3）	0
ddH₂O 加入体积（ml）	0	3.0	3.0	3.0	4.0

注：5 号管调零，波长 280，浓度从低到高的顺序分别测定其他四管的吸光度

2. 测定未知液　将未知浓度的样品，经稀释后，测定 A_{280}，多次稀释测定 A_{280}，直到 A_{280} 落到上述线性范围内为止，留作备用或以线性回归方程，计算其浓度。

【注意事项】

（1）蛋白质浓度的线性范围，0.5～1.0 mg/ml。

（2）未知浓度的样品测定的 A_{280} 应落在线性范围内。

（3）作多个稀释度样品，测定蛋白浓度，计算平均值。

（4）本法对微量蛋白质的测定既快又方便。它还适用有硫酸铵或其他盐类混合的蛋白质样品，如用其他方法测定往往比较困难。

（5）该法最大的优点是蛋白质样品中不需加任何化学试剂，故可保存蛋白质生物学活性，即样品可回收。

第三节　改良微量凯氏定氮法

【实验目的】
（1）掌握微量凯氏定氮法测定蛋白质含量的原理。
（2）了解微量凯氏定氮法测定蛋白质含量的基本操作。

【实验原理】　　蛋白质是机体内主要的含氮物质，各种蛋白质的含氮量很接近，平均为16%，其他非蛋白质的含氮化合物所含氮量甚微。因此，测定生物样品的含氮量，即可推算其中的蛋白质含量。测定氮含量最常用的测定方法是凯氏定氮法，本实验采用改良微量凯氏定氮法，通过强氧化剂（浓硫酸，亚硝酸）将氮以硫酸铵形式固定下来。硫酸铵与碱性的纳氏（Nessler）试剂作用，生成棕色胶体溶液，然后与用同样方法处理的标准硫酸铵溶液比色，计算蛋白质总氮量。

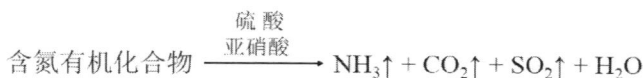

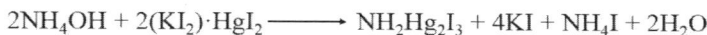

$$含氮有机化合物 \xrightarrow[\text{亚硝酸}]{\text{硫酸}} NH_3\uparrow + CO_2\uparrow + SO_2\uparrow + H_2O$$

$$2NH_3 + H_2SO_4 \longrightarrow (NH_4)_2SO_4$$

$$(NH_4)_2SO_4 + 2NaOH \longrightarrow Na_2SO_4 + 2NH_4OH$$

$$2NH_4OH + 2(KI_2)\cdot HgI_2 \longrightarrow NH_2Hg_2I_3 + 4KI + NH_4I + 2H_2O$$

根据蛋白质含氮量为16%，即可将氮量换算出蛋白质含量。

【器材与试剂】
器材：分光光度计、微量移液器、试管等。
试剂：
（1）消化液：以50%　H_2SO_4为溶剂配制0.3%亚硝酸溶液。
（2）纳氏试剂（Nesser's reagent）：16 g NaOH溶于50 ml无氨水中，充分冷却至室温。另称取10 g HgI和7.0 g KI溶于水，然后将该溶液在充分搅拌的条件下缓慢注入上述NaOH溶液中，并用无氨水稀释至100 ml，贮于聚乙烯塑料瓶中。
（3）硫酸铵标准贮存液（含氮1.0 mg/ml）：0.4716 g（NH_4）_2SO_4置于100 ml容量瓶内加水约20 ml。溶解后，加入0.1 ml浓HCl，加水稀释至100 ml。
（4）硫酸铵标准应用液（含氮0.04 mg/ml）：4.0 ml贮存液置于100 ml容量瓶内加0.1 ml浓HCl，加水稀释至100 ml。
（5）其他试剂：1/3 mol/L H_2SO_4等。

【实验步骤】
1. 消化　准确吸取待测蛋白质溶液1.0 ml，加入试管中，再加0.2 ml消化液，混匀，加入1粒玻璃珠，在酒精灯上先均匀加热，然后把试管竖直，在管底部加热煮沸后，消化5~8 min。管内液体由无色逐渐转变为黑色，此时有白烟充满试管。待管内液体由黑色变为棕色再转变为无色透明时，停止消化。
2. 测定　取3支试管，按表13-4操作。

表 13-4　凯氏定氮法测定蛋白这各种反应液的配制

试剂	空白管	标准管	测定管
第 1 步获得的溶液（ml）	—	—	0.1
硫酸铵标准液（ml）	—	1.0	—
消化液（ml）	0.2	0.2	—
蒸馏水（ml）	6.8	5.8	6.9
纳氏试剂（ml）	3.0	3.0	3.0

波长 440 nm，空白管调零比色，读取其他两管的吸光度。

【计算】

$$总氮质量(mg) = \frac{A_测}{A_标} \times m_标 \times 稀释倍数$$

$$蛋白质浓度(mg/mL) = \frac{总氮质量}{V_{样品}} \times \frac{1}{16\%}$$

【注意事项】　消化时应注意调节玻璃管与火焰之间的距离，保持管内液体沸腾并防止液体外溅，否则影响测定结果的准确性。

【思考题】

（1）改良 Lowry 法测定蛋白质并不等于酚试剂法，试从原理上说明之。

（2）改良 Lowry 氏法与紫外吸收法都是利用酪氨酸的理化性质来测定蛋白质含量，为什么这两种方法选择不同的波长？

（3）为什么在改良 Lowry 氏法实验中加试剂 C 后必须立即混匀？

（4）比较本次实验两种不同的蛋白质测定方法，各有何优缺点？

第十四章　蛋白醋酸纤维薄膜电泳

【实验目的】

（1）掌握电泳法分离血清蛋白的原理。

（2）了解醋酸纤维薄膜电泳法的操作方法及临床意义。

【实验原理】　血清中各种蛋白离子在电场的作用下，向着与其电性相反的电极移动。由于各种蛋白质等电点不同，从而在同一 pH 环境中所带电荷量有所不同，同时分子大小各有差异，所以在同一电场中泳动速度不同。一般来说，所带的电荷多而颗粒小者，泳动速度快，反之则慢。据次，因各种血清蛋白的等电点在 pH 7 以下，故在 pH 8.6 的缓冲液中带负电荷，在电场中向阳极移动，将血清蛋白分为清蛋白、α_1、α_2、β 和 γ-球蛋白 5 条区带。经染色、比色，可算出各部分蛋白质的相对百分含量。

【器材与试剂】

器材：醋酸纤维薄膜、滤纸、电泳仪、电泳槽、微量移液器等。

试剂：

（1）巴比妥缓冲液（pH 8.6，0.07mol/L，离子强度 0.06）：称取巴比妥钠 12.76g，巴比妥 1.66g，加蒸馏水 500ml，加热助溶，冷至室温后，加蒸馏水至 1000ml。

（2）染色液：称取氨基黑 10B　0.5g，加入冰醋酸 10ml、甲醇 50ml、蒸馏水 40ml，混匀，在具塞试剂瓶中贮存。

（3）漂洗液：取 95%乙醇 45ml，冰醋酸 5ml 及蒸馏水 50ml，混匀，在具塞试剂瓶内贮存。

（4）0.4mol/L NaOH 溶液

（5）透明液：取冰醋酸 20ml 和无水乙醇 80ml，混匀，在具塞试剂瓶中贮存备用。

【实验步骤】

1. 准备　剪裁尺寸合适的滤纸条，叠成四层贴在电泳槽的两侧支架上，一端于支架前沿对齐，另一端浸入电泳槽的缓冲液内，使滤纸全部湿润，驱除其中气泡，此即滤纸桥。

将缓冲液加入电泳槽中，调节两侧槽内的缓冲液，使其在同一水平面，且缓冲液液面不能低于红线。

将醋酸纤维薄膜切成 2cm×8cm 大小，在无光泽面的一端约 1.5cm 处，用铅笔画一直线作为点样位置，并作好编号。将薄膜无光泽面向下，浸泡于巴比妥缓冲液中，待完全浸透（约 20min），即薄膜无白斑后，取出，用滤纸吸取多余的缓冲液。

2. 点样　取少量血清置于玻璃板上，用加样器取血清约 2~3μl 均的加于点样线上，待血清渗入膜内后，移开加样器。应使血清形成具有一定宽度、粗细均匀的直线。

3. 电泳　将薄膜点样的一端靠近阴极侧，无光泽面向下，平整的贴于电泳槽支架的滤纸桥上，使其平衡约 5min，打开电源开关，调节电压为 100~160V，电流为 0.4~0.6mA/cm 膜宽，通电 40~50min，使电泳区带展开约 3.5cm，即可关闭电源。

4. 染色　用镊子小心取出薄膜，浸入染色液中染色 2min，然后取出，浸入盛有漂洗液的培养皿中反复漂洗数次，直至背景颜色脱净为止。一般每隔 10min 换一次漂洗液，连续漂洗 3 次即可。此时得 5 条蛋白色带，从阳极端起，依次为清蛋白、α_1、α_2、β 和 γ-球

77

蛋白。

5. 定量

（1）洗脱法：将漂净的薄膜用滤纸吸干后，剪下各条蛋白区带，并于空白部位剪一相当于清蛋白宽度的薄膜作为空白。分别浸入 0.4mol/L NaOH 溶液中，清蛋白管为 4ml，其余各管为 2ml。振摇数次，约经 30min，蓝色即可完全浸出。用分光光度计比色，于 580～620nm 波长下，以空白管调零，测定各管的吸光度，按下式计算各部分蛋白质所占百分比（相对含量）：

$$清蛋白\% = \frac{A_{清蛋白管} \times 2}{T} \times 100\%$$

$$\alpha_1 - 球蛋白\% = \frac{A_{\alpha_1-球蛋白}}{T} \times 100\%$$

$$\alpha_2 - 球蛋白\% = \frac{A_{\alpha_2-球蛋白}}{T} \times 100\%$$

$$\beta - 球蛋白\% = \frac{A_{\beta-球蛋白}}{T} \times 100\%$$

$$\gamma-球蛋白\% = \frac{A_{\gamma-球蛋白}}{T} \times 100\%$$

$$T = A_{清蛋白} \times 2 + A_{\alpha_1-球蛋白} + A_{\alpha_2-球蛋白} + A_{\beta-球蛋白} + A_{\gamma-球蛋白}$$

（2）吸光度计法：将干燥的薄膜放入微机控制的自动扫描光度计内，通过反射（用已透明的薄膜时，通过透射），对蛋白质区带进行扫描，自动绘出电泳图形，并直接打印出各部分蛋白质的相对含量。

薄膜透明的方法：将完全干燥的薄膜置于透明液中浸泡 3min，然后取出，贴于玻璃板上，不要存留气泡。约经过 2～3min，薄膜便完全透明。待干后撕下压平，可长期保存。

【计算】　按定量法中的式子进行计算即可。

【参考范围】

清蛋白	57%～72%
α₁-球蛋白	2%～5%
α₂-球蛋白	4%～9%
β-球蛋白	6.5%～12%
γ-球蛋白	12%～20%

【注意事项】

（1）每次电泳时应交换电极，可使两侧电泳槽内缓冲液的 pH 维持在一定水平。然而，每次使用薄膜的数量可能不等，所以其缓冲液经多次使用后，就将缓冲液弃去。

（2）电泳槽缓冲液的液面要保持一定高度，过低可能会增加 γ-球蛋白的电渗现象（向阴极移动）。同时电泳槽两侧的液面应保持同一水平面，否则，通过薄膜时有虹吸现象，将会影响蛋白分子的泳动速度。

（3）电泳失败的原因：

1）电泳图谱不整齐：点样不均匀、薄膜未完全浸透或温度过高致使膜面局部干燥或水分蒸发、缓冲液变质；电泳时薄膜放置不正确，使电流方向不平行。

2）蛋白各组分分离不佳：点样过多、电流过低、薄膜结构过分细密、透水性差、导电差等。

3）染色后白蛋白中间着色浅：由于染色时间不足或染色陈旧所致；若因蛋白含量高引起，可减少血清用量或延长染色时间，一般以延长 2min 为宜。若时间过长，球蛋白百分比上升，A/G 比值会下降。

4）薄膜透明不完全：将标本放入烘箱，温度未达到 90℃以上，透明液陈旧和浸泡时间不足等。

5）透明膜上有气泡，玻璃片上有油脂，使薄膜部分脱开或贴膜时滚动不佳。

【临床意义】

（1）慢性肝炎、肝硬化时，清蛋白降低，γ-球蛋白升高 2～3 倍。

（2）肾病综合征时，清蛋白降低，α_2 及 β-球蛋白升高。

（3）结缔组织病（如红斑狼疮、类风湿性关节炎等）时，清蛋白降低，γ-球蛋白显著升高。

（4）多发性骨髓瘤时，清蛋白降低，γ-球蛋白增多，于 β 和 γ 区带之间出现"M"带。

【思考题】

（1）醋酸纤维薄电泳分离蛋白质的原理是什么？此方法分离血清蛋白质具有什么优点？

（2）醋酸纤维薄膜电泳法在临床上具有什么应用？

（3）影响分离效果的原因有哪些？

第十五章 SDS-聚丙烯酰胺凝胶电泳测定蛋白质相对分子质量

【实验目的】

（1）熟悉 SDS-聚丙烯酰胺凝胶的基本原理。

（2）学会 SDS-聚丙烯酰胺凝胶的基本操作步骤及确定蛋白质相对分子量的方法。

（3）了解 SDS 和巯基乙醇在电泳中所起的作用。

【实验原理】 蛋白质在聚丙烯酰胺凝胶电泳时，它的迁移率取决于它所带净电荷以及分子的大小和形状等因素。使用含有去污剂十二烷基硫酸钠（SDS）和还原剂巯基乙醇的样品处理液对蛋白质样品进行煮沸处理，使蛋白质变性，二硫键断开，样品中的肽链最终都处于无二硫键连接的分离的状态。由于 SDS 带有负电荷，同时它有一个长的疏水尾巴，因此 SDS 通过疏水尾巴与肽链中的氨基酸的疏水侧链结合，结合 SDS 的比例大约是一个蛋白质分子中每两个氨基酸残基结合一分子的 SDS，所形成的 SDS-蛋白质复合物的形状近似于长的椭圆棒，它的短轴是恒定的，而长轴与蛋白质分子量的大小成正比，这样，复合物所带的负电荷大大超过了蛋白质分子原有的电荷量，消除和掩蔽了不同蛋白质分子之间原有的电荷差异，电泳时 SDS-蛋白质复合物在凝胶中的迁移率不再受蛋白质原有电荷和形状的影响，而主要取决于蛋白质的分子量。所以 SDS-PAGE 常用来分析蛋白质的纯度和测定蛋白质的分子量。在 SDS-PAGE 中，去污剂既要加到凝胶介质中，也要加到电极液中，以便维持处理过的蛋白质样品的变性状态。聚丙烯酰胺凝胶由浓缩胶和分离胶两部分组成，两种胶的作用机制分别为：

（1）浓缩胶的浓缩效应：电极缓冲液的 pH 8.3，甘氨酸的电离小，有效迁移率小，称为慢离子；浓缩胶中的氯离子完全电离，有效迁移率大，称为快离子；蛋白质在浓缩胶中介于两者之间。电泳开始后，氯离子跑得最快，留下一段低导电区，产生高电位梯度（电位与电导率成反比），使甘氨酸离子追赶氯离子，当两者速度相等时，形成一个不断向正极移动的界面，蛋白质在中间而被压缩。

（2）分离胶的分离作用：在 pH 8.3 的缓冲液中，所有 SDS-蛋白质复合物都向着阳极迁移，它们通过凝胶的速率与它们分子量的对数成反比，大的蛋白质会遇到更大的阻力，比小的蛋白质移动慢，结果在凝胶上移动距离不同。凝胶通过染色（常用考马斯亮蓝染料）出现不同的蛋白区带。在 SDS-PAGE 中，在一定的凝胶浓度下，当蛋白质的分子量在 15～200kD 之间时，电泳迁移率与分子量的对数呈线性关系，根据标准蛋白分子量对数对迁移率的标准曲线，通过未知蛋白迁移率就可从标准曲线上求出未知蛋白的分子量。目前通常使用蛋白标准品蛋白 Marker，它由一系列不同的相对分子量的蛋白质组成，它们之间不发生相互作用，且具有良好的线性关系。

【器材与试剂】

器材：电泳仪、垂直电泳槽、微量移液器、恒温水浴箱、电泳玻璃板、玻璃板固定架、剥胶铲、制孔梳子、培养皿、脱色摇床等。

试剂:

（1）凝胶贮备液：称取丙烯酰胺（Acr）29.2g 和 N，N'-亚叉双丙烯酰胺（Bis）0.8g，加重蒸馏水至 100ml。光或碱可催化丙烯酰胺和双丙烯酰胺脱氨基生成丙烯酸和双丙烯酸，因此，外包锡纸，4℃冰箱保存，30 天以内使用。

（2）10% SDS 贮存液：将 SDS 用去离子水配成 10%（W/V）贮存液并保存于室温。

（3）分离胶缓冲液（1.5 mol/L Tris-HCl，pH 8.8）：称取三羟甲基氨基甲烷（简称 Tris）18.15g，加约 80ml 重蒸馏水，用 1mol/L HCl 调 pH 到 8.8，用重蒸馏水稀释至最终体积为 100ml，4℃冰箱保存。

（4）浓缩胶缓冲液（0.5mol/L Tris-HCl，pH 6.8）：称取三羟甲基氨基甲烷（简称 Tris）6.0g，加约 60ml 重蒸馏水，用 1mol/L HCl 调 pH 到 6.8，用重蒸馏水稀释至最终体积为 100ml，4℃冰箱保存。

（5）电极缓冲液（pH 8.3）：称取三羟甲基氨基甲烷（简称 Tris）3.0g、甘氨酸 14.4g、SDS 1.0g，加重蒸馏水至 1000ml，4℃冰箱保存。

（6）TEMED（N，N，N，N-四甲基乙二胺）：TEMED 通过催化过硫酸铵形成自由基而加速丙烯酰胺与双丙烯酰胺的聚合。避光保存。

（7）SDS 上样缓冲液

2 倍还原缓冲液：0.5mol/L Tris-HCl，pH 6.8　2.5 ml。

甘油	2.0 ml
质量浓度 10%SDS	4.0 ml
质量浓度 0.1%溴酚蓝	0.5 ml
β-巯基乙醇	1.0 ml
总体积	10ml

（8）低相对分子质量标准蛋白：开封后溶于 200μl 重蒸馏水，加 200μl　2 倍还原缓冲液，分装 20 小管，−20℃保存。临用前沸水浴加热 3～5min。其相对分子质量（M_r）如下：

标准蛋白质	M_r
兔磷酸化酶 B	97 400
牛血清白蛋白	66 200
兔肌动蛋白	43 000
牛碳酸酐酶	31 000
胰蛋白酶抑制剂	20 100
鸡蛋清溶菌酶	14 400

（9）10%过硫酸铵（AP）：过硫酸铵提供驱动丙烯酰胺和双丙烯酰胺聚合所必需的自由基。临用前配制。

（10）染色液：称取 0.25g 考马斯亮蓝 R250，加入 91ml 50%甲醇 及 9ml 冰醋酸。

（11）脱色液：50ml 甲醇，75ml 冰醋酸与 875ml 重蒸水混合。

（12）1.5%琼脂：称取 1.5g 琼脂粉加入 100ml 重蒸水，加热至沸腾，未凝固前使用。

（13）待测相对分子质量的样品。

【实验步骤】

1. 制胶装置的安装　先将两块玻璃洗净，晾干。将玻璃板固定在玻璃板固定架上。

2. 制胶

（1）分离胶的制备与灌注

1）制备：按表 15-1 配制不同浓度和不同体积浓缩胶时，各成分的体积。

表 15-1　不同浓度和不同体积分离胶的制备

6%分离胶（ml）	5	10	15	20	25	30
蒸馏水（ml）	2.6	5.3	7.9	10.6	13.2	15.9
30%丙烯酰胺（ml）	1.0	2.0	3.0	4.0	5.0	6.0
分离胶缓冲液（pH 8.8）（ml）	1.3	2.5	3.8	5.0	6.3	7.5
10%SDS（ml）	0.05	0.1	0.15	0.2	0.25	0.3
10%的过硫酸铵（ml）	0.05	0.1	0.15	0	0.25	0.3
TEMED（ml）	0.004	0.008	0.012	0.016	0.02	0.024
8%分离胶（ml）	5	10	15	20	25	30
蒸馏水（ml）	2.3	4.6	6.9	9.3	11.5	13.9
30%丙烯酰胺（ml）	1.3	2.7	4.0	5.3	6.7	8.0
分离胶缓冲液（pH 8.8）（ml）	1.3	2.5	3.8	5.0	6.3	7.5
10%SDS（ml）	0.05	0.1	0.15	0.2	0.25	0.3
10%的过硫酸铵（ml）	0.05	0.1	0.15	0.2	0.25	0.3
TEMED（ml）	0.003	0.005	0.009	0.012	0.015	0.018
10%分离胶（ml）	5	10	15	20	25	30
蒸馏水（ml）	1.9	4.0	5.9	7.9	9.9	11.9
30%丙烯酰胺（ml）	1.7	3.3	5.0	6.7	8.3	10.0
分离胶缓冲液（pH 8.8）（ml）	1.3	2.5	3.8	5.0	6.3	7.5
10%SDS（ml）	0.05	0.1	0.15	0.2	0.25	0.3
10%的过硫酸铵（ml）	0.05	0.1	0.15	0.2	0.25	0.3
TEMED（ml）	0.002	0.004	0.006	0.008	0.01	0.012
12%分离胶（ml）	5	10	15	20	25	30
蒸馏水（ml）	1.6	3.3	4.9	6.6	8.2	9.9
30%丙烯酰胺（ml）	2.0	4.0	6.0	8.0	10.0	12.0
分离胶缓冲液（pH 8.8）（ml）	1.3	2.5	3.8	5.0	6.3	7.5
10%SDS（ml）	0.05	0.1	0.15	0.2	0.25	0.3
10%的过硫酸铵（ml）	0.05	0.1	0.15	0.2	0.25	0.3
TEMED（ml）	0.002	0.004	0.006	0.008	0.01	0.012
15%分离胶（ml）	5	10	15	20	25	30
蒸馏水（ml）	1.1	2.3	3.4	4.6	5.7	6.9
30%丙烯酰胺（ml）	2.5	5.0	7.5	10.0	12.5	15.0
分离胶缓冲液（pH 8.8）（ml）	1.3	2.5	3.8	5.0	6.3	7.5
10%SDS（ml）	0.05	0.1	0.15	0.2	0.25	0.3
10%的过硫酸铵（ml）	0.05	0.1	0.15	0.2	0.25	0.3
TEMED（ml）	0.002	0.004	0.006	0.008	0.01	0.012

2）灌制：在小烧杯中迅速混匀后，用滴管吸取分离胶，在电泳槽的两玻璃板之间灌注分离胶，留出灌注浓缩胶所需空间即梳子的齿长再加 1cm 的空间。并迅速再在胶液面上

小心注入一层蒸馏水（约 2～3mm 高），以阻止氧气进入凝胶溶液。将电泳槽垂直静置于室温下约 60min，分离胶聚合完全后，倾出覆盖水层，再用滤纸吸净残留水。

（2）浓缩胶的制备和灌制

1）制备：按表 15-2 制备不同体积的 5%浓缩胶。

表 15-2　不同体积 5%浓缩胶的配制

5%浓缩胶（ml）	1	2	3	4	5	6	8	10
蒸馏水（ml）	0.68	1.4	2.1	2.7	3.4	4.1	5.5	6.8
30%丙烯酰胺（ml）	0.17	0.33	0.5	0.67	0.83	1.0	1.3	1.7
浓缩胶缓冲液（pH 6.8）（ml）	0.13	0.25	0.38	0.5	0.63	0.75	1.0	1.25
10%SDS（ml）	0.01	0.02	0.03	0.04	0.05	0.06	0.08	0.1
10%的过硫酸铵（ml）	0.01	0.02	0.03	0.04	0.05	0.06	0.08	0.1
TEMED（ml）	0.001	0.002	0.003	0.004	0.005	0.006	0.008	0.01

2）灌注：在小烧杯中迅速混匀，迅速灌注在分离胶上，小心插入干净的梳子，避免混入气泡，将凝胶垂直放置于室温下至浓缩胶完全聚合（约 30min）。

3. 样品的制备

（1）标准蛋白质样品的制备：取出一管预先分装好的 20μl 低相对分子质量标准蛋白质，放入沸水浴中水浴 3～5 min，取出冷至室温。

（2）待测蛋白质样品的制备：取 10μl 待测蛋白质样品液（约含待测蛋白质 5μg，即 0.5g/L）加入 10μl 上样缓冲液（浓度约为 0.25g/L）或按蛋白定量测定实验中的测定结果的倍数加入相应的上样缓冲液。放入沸水浴中水浴 3～5 min，取出冷至室温。

4. 电泳

（1）待浓缩胶聚合完全后，小心移出梳子，去掉玻璃板固定架，放入电泳槽中，在电泳槽内注满电极缓冲液，液面要高于浓缩胶的液面。必须设法排出凝胶底部两玻璃板之间的气泡。

（2）用微量注射器按编号加样，加样量通常为 10～15μl（1.5mm 厚的胶）。

（3）接上电泳仪，上电极接电源的负极，下电极接电源的正极。打开电泳仪电源开关，凝胶上所加电压为 8V/cm（60V）。当染料前沿进入分离胶后，把电压提高到 15V/cm（110V），继续电泳直至溴酚蓝到达分离胶底部上方约 1cm，然后关闭电源。

5. 染色　从电泳装置上卸下玻璃板，用刮勺撬开玻璃板，置于一大培养皿中。用至少五倍体积的考马斯亮蓝 R250 染色液浸泡凝胶，于平缓摇摆平台上室温 1h 左右或过夜，倾出染色液。

6. 脱色　用蒸馏水漂洗数次，再用脱色液脱色，多次更换脱色液至背景清楚至蛋白质条带清晰，约需 3～10h。

此方法检测灵敏度为 0.2～1.0μg。脱色后，可将凝胶浸于水中，长期封装在塑料袋内而不降低染色强度。为永久性记录，可对凝胶进行拍照，或将凝胶干燥成胶片。

【实验结果】　用直尺分别量出标准蛋白质、待测蛋白质区带中心距离分离胶顶端的距离，按下式计算相对迁移率：

$$相对迁移率 = \frac{蛋白质移动距离(mm)}{染料移动距离(mm)}$$

以标准蛋白的迁移率作横坐标，蛋白质相对分子量对数做纵坐标，可以得到一条蛋白相对质量的标准曲线。依据该曲线，计算样本蛋白的相对分子量。

【注意事项】

（1）安装制胶装置时要卡紧，避免胶液漏出。

（2）凝胶配制过程要迅速，催化剂 TEMED 要在注胶前再加入，否则凝胶凝结无法注胶。注胶过程最好一次性完成，避免产生气泡。

（3）梳子需一次平稳插入，梳口处不得有气泡，梳底需水平。

（4）微量移液器上样时，移液器不可过低，以防刺破胶体；也不可过高，样品下沉时易发生扩散，溢出加样孔。

（5）剥胶时要小心，保持胶完好无损，染色要充分。

（6）聚丙烯酰胺具有神经毒性，操作时要戴手套。

【思考题】

（1）电泳时（电泳缓冲液的 pH 为 8.6）为什么血清样品点样处靠近电场的负极端？

（2）在测定蛋白质相对分子质量时 SDS 有何作用？

（3）本实验最应注意的事项是什么？

第十六章　乳酸脱氢酶同工酶测定

【实验目的】

（1）掌握聚丙烯酰胺凝胶电泳分离乳酸脱氢酶同工酶的原理和技术。

（2）了解乳酸脱氢酶同工酶的分离方法。

【实验原理】　乳酸脱氢酶（LDH）同工酶有 LDH_1、LDH_2、LDH_3、LDH_4 和 LDH_5 五种。在 pH 8.3 的缓冲液中，由于不同 LDH 同工酶的分子量和所带电荷不同，因此在分子筛效应和电荷效应的作用下，他们分别以不同的速度在以聚丙烯酰胺凝胶为支持物的电场中泳动。由 LDH 催化脱下的成对 H^+ 经酚嗪甲酯硫酸盐（PMS）传递给氯化硝基四氮唑蓝（NBT），显出蓝紫色。颜色深浅与酶含量成正比。

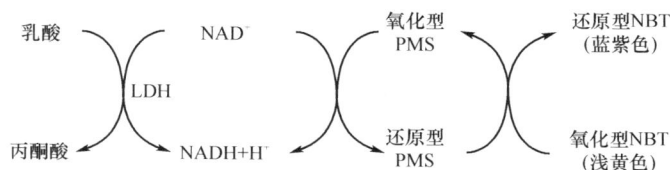

【器材与试剂】

器材：电泳仪、垂直电泳槽、微量移液器、恒温水浴箱、电泳玻璃板、玻璃板固定架、剥胶铲、制孔梳子、培养皿等。

试剂：

（1）30%丙烯酰胺、分离胶缓冲液、浓缩胶缓冲液、10×电泳缓冲液、10% AP、TEMED。

（2）NAD^+ 溶液：10 mg NAD^+ 用 0.2 mol/L 的磷酸盐缓冲液（pH 7.4）溶解，定容至 1.0 ml。

（3）0.5 mol/L 乳酸钠溶液：1.0 ml 60%乳酸钠溶液，加 2.0 ml 0.2 mol/L 磷酸盐缓冲液（pH 7.4），混匀。

（4）0.1%酚嗪甲酯硫酸盐溶液：5.0 mg PMS，加 5.0 ml 蒸馏水溶解。

（5）氯化硝基四氮唑蓝溶液：37 mg NBT，加 10 ml 0.2 mol/L 磷酸盐缓冲液（pH 7.4）溶解。

（6）显色液：0.6 ml 0.5 mol/L 乳酸钠溶液，1.2 ml NBT 溶液，0.3 ml NAD^+ 溶液，0.4 ml 0.1% PMS 溶液，混匀。

【实验步骤】

（1）凝胶制备，按表 16-1 操作。

表 16-1　7.5%分离胶和 3%浓缩胶的配制

试剂	7.5%分离胶（ml）	3%浓缩胶（ml）
蒸馏水	6.2	7.7
分离胶缓冲液	1.25	—
浓缩胶缓冲液	—	1.25
30%丙烯酰胺	2.5	1.0
TEMED	0.03	0.03
10% AP（临用前加）	0.1	0.1
总体积	10	10

（2）加样：取 10～25μl 处理后的样品加入加样孔中。

（3）电泳：在电泳槽中加入 1×电泳缓冲液，连接电源，注意正负极。电泳时，浓缩胶电压 100 V，分离胶电压 150 V，电泳至溴酚蓝行至电泳槽下端停止。

（4）显色：将凝胶从玻璃板中取出，浸入显色液中，避光，于 37 ℃水浴中保温 20 min。

（5）显色完毕后浸于 7%醋酸液中观察结果。

【注意事项】

（1）为达到较好的凝胶聚合效果，缓冲液的 pH 要准确，10% AP 在一周内使用。室温较低时，TEMED 和 AP 的量可加倍，凝胶灌注后可置于 37℃温箱中加快凝固速度。

（2）未聚合的丙烯酰胺和亚甲双丙烯酰胺具有神经毒性，可通过皮肤和呼吸道吸收，操作时应注意防护。

【思考题】　简述血清 LDH 同工酶谱的临床意义。

第十七章　影响酶促反应速率的因素

第一节　pH 和温度对酶促反应的影响

【实验目的】

（1）通过实验观察 pH 和温度对酶促反应的影响。

（2）提高分析问题和动手操作的能力。

【实验原理】　　淀粉在淀粉酶催化下水解，其最终产物是麦芽糖和葡萄糖。在水解反应过程中淀粉的分子量逐渐变小，形成若干分子量不等的过渡性产物，称为糊精。向反应系统中加入碘液可检查淀粉的水解程度，淀粉遇碘呈蓝色，麦芽糖对碘不显色。糊精中分子量较大者呈蓝紫色，随糊精的继续水解，对碘呈橙红色。根据颜色反应，可以了解淀粉被水解的程度。在不同温度、不同酸碱度下，唾液淀粉酶活性不同，淀粉水解程度也不一样，进而了解温度及 pH 对酶促反应的影响。

【器材与试剂】

器材：试管、恒温水浴箱、沸水浴等。

试剂：

（1）10g/L 淀粉溶液：取可溶性淀粉 1g，加 5ml 蒸馏水，调成糊状，再加蒸馏水约 80ml，加热，使其溶解，最后用蒸馏水稀释至 100ml，冰箱保存。

（2）稀释唾液：将痰咳尽，用水漱口（洗涤口腔），再含蒸馏水 30ml，作咀嚼动作，2min 后吐入烧杯中待用。

（3）缓冲溶液：

1）pH 6.8 磷酸盐缓冲液：取磷酸氢二钠 477mg，磷酸二氢钠 397 mg，蒸馏水溶解至 100ml。

2）pH3.0 缓冲液：取 0.2mol/L 磷酸二氢钾（KH_2PO_4 2.722 克加蒸馏水溶解至 100ml）50 ml，加 0.2 mol/L 盐酸溶液 20.3 ml，混合后即成。

3）pH 9.0 缓冲液：取 0.2mol/L Na_2HPO_4 溶液（磷酸氢二钠 2.840 克加蒸馏水溶解至 100ml）60ml，0.2 mol/L 氢氧化钠溶液 20 ml，混合后即成。

（4）碘溶液：取碘化钾 4g 溶于少量蒸馏水中，再取碘 2g，完全溶解后加蒸馏水至 300ml，贮于棕色瓶中。

【实验步骤】

1. pH 对酶促反应的影响　　取 3 支试管，按表 17-1 操作。

表 17-1　pH 对酶促反应影响中各反应液的配制

试剂	1	2	3
10g/L 淀粉溶液	10 滴	10 滴	10 滴
pH3.0 缓冲液	10 滴		
pH 6.8 缓冲液	—	10 滴	
pH 9.0 缓冲液	10 滴	—	—
	混匀，37℃水浴 5min		
稀唾液	5 滴	5 滴	5 滴

将上面各管摇匀后放入 37℃恒温水浴中保温。放置 10min 后取出，分别向各管加入稀碘液 1 滴，观察 3 管中颜色的区别，说明 pH 对酶促反应的影响。

2. 温度对酶促反应的影响　取 3 支试管，按表 17-2 操作。

表 17-2　温度对酶促反应影响中各反应液的配制

试剂	1	2	3
10g/L 淀粉溶液	10 滴	10 滴	10 滴
pH 6.8 缓冲液	10 滴	10 滴	10 滴
	摇匀后分别于 37℃、沸水、冰浴 5min		
稀唾液	5 滴	5 滴	5 滴
	摇匀后分别于 37℃、沸水、冰浴 10min		

取出后，分别向各管加入稀碘液 1 滴，观察 3 管中颜色的区别，说明温度对酶促反应的影响。

【注意事项】　稀释唾液的制备是实验成功与否的关键。制备稀释唾液时，口含的时间不能太长或太短，约 1～2min。

第二节　激活剂和抑制剂对酶促反应的影响

【实验目的】
（1）初步认识酶的性质，了解酶促反应的激活剂与抑制剂。
（2）学习检定激活剂和抑制影响酶反应的方法和原理。

【实验原理】　酶是具有高效专一催化活性的蛋白质，其活性常受温度 pH 及些物质的影响。某些物质可以增加其活性，称为激活剂；某些物质能降低其活性，称为抑制剂。很少量的激活剂或抑制剂就会影响酶的活性，而且这种作用常常具有特异性。但要注意的是激活剂和抑制不是绝对的，有些物质在低浓度时为某种酶的激活剂时却为另一种酶的抑制剂，而在高浓度时则为该酶的激活剂（如 NaCl）。淀粉和可溶性淀粉遇碘呈蓝色。糊精按其分子的大小，遇碘可呈蓝色，紫色，暗色或红色。最简单的糊精遇碘不呈蓝色。

【器材与试剂】
器材：试管、吸量管、水浴锅等。
试剂：0.1% 淀粉，1% NaCl，革兰碘液，1% Na_2SO_4，1% $CuSO_4$。

【实验步骤】　取 4 支试管，按表 17-3 操作。

表 17-3　激活剂和抑制剂对酶活性影响中反应液的配制

试剂	1	2	3	4
0.1% 淀粉（ml）	1.5	1.5	1.5	1.5
1% $CuSO_4$（ml）	0.5	—	—	—
1% NaCl（ml）	—	0.5	—	—
1% Na_2SO_4（ml）	—	—	0.5	—
蒸馏水	—	—	—	0.5
稀（1/1000）淀粉酶（ml）	0.5	0.5	0.5	0.5

试剂	1	2	3	4
37℃保温 7min				
碘试剂	2～3 滴	2～3 滴	2～3 滴	2～3 滴
现象				

观察实验现象，并记录结果。

【注意事项】　试剂量的多少会影响实验结果，严格按照表格所示进行加样。

【思考题】

（1）简述影响酶活性的因素有哪些？

（2）比较竞争性抑制作用与非竞争性抑制作用的异同点。

（3）激活剂抑制剂实验中淀粉酶要最后加，为什么？

（4）加入淀粉时要小心，不要沾到试管壁；另外，摇匀时也不宜用力过猛，使淀粉溶液或淀粉粒过多地沾在试管壁上，这样会影响结果的观察，误差较大，为什么？

（5）案例分析

王某，男，57 岁，因头晕、头痛、腹痛、呕吐、冒冷汗、流涎、胸闷、视力模糊等症状来医院就诊。了解病史：平日身体健康，不吸烟喝酒，无药物过敏史及特殊疾病。因数小时前在农田喷洒农药（氧化乐果）后出现上述症状。化验检查：血清胆碱酯酶偏低（<200U/L，正常参考值：4300～10 500 U/L）。

讨论：1）如何对患者进行诊断？

2）运用所学知识，解释患者出现上述症状的原因。

3）拟定治疗方案。

第十八章 碱性磷酸酶米氏常数的测定

【实验目的】
（1）了解碱性磷酸酶米氏常数的测定原理级意义。
（2）掌握碱性磷酸酶活性测定的原理及方法。

【基本原理】 在温度、pH 及酶浓度恒定的条件下，底物浓度对酶的催化作用有很大的影响。在一般情况下，当底物浓度很低时，酶促反应的速率（V）随底物浓度[S]的增加而迅速增加，但当底物浓度继续增加时，反应速度的增加率就比较小，当底物浓度增加到某种程度时反应速度达到一个极限值，即最大速率 V_m。底物浓度和反应速度的这种关系可用米氏方程式来表示，即

$$V = \frac{V_m \times [s]}{K_m + [s]}$$

式中，K_m 为米式常数，V_m 为最大反应速度，当 $V = V_m/2$ 时，则 $K_m = [S]$，K_m 是酶的特征性常数，测定 K_m 是研究酶的一种重要方法。但在一般情况下，根据实验结果绘制成的是直角双曲线，难以准确求得 K_m 和 V_m。若将米氏方程变形为双倒数方程，则此方程为直线方程，即

$$\frac{1}{V} = \frac{K_m}{V_m \times [s]} + \frac{1}{V_m}$$

以 1/V 和 1/[S] 分别为横坐标和纵坐标，将各点连线，在横轴截距为 -1/K_m，据此可算出 K_m 值。

本实验以碱性磷酸酶为例，测定不同浓度与底物时的活性，再根据 1/V 和 1/[S] 的倒数作图，计算出其 K_m 值（如图 18-1）。

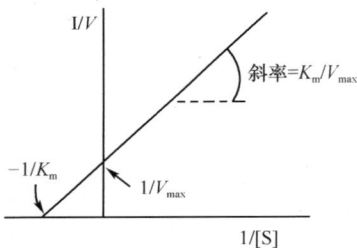

图 18-1 双倒数作图法

本实验以碱性磷酸酶为例，选择不同浓度的磷酸苯二钠为其底物，磷酸苯二钠被 AKP 水解后，生成酚和磷酸，酚在碱性溶液中与 4-氨基安替比林作用，经铁氰化钾氧化生成红色醌的衍生物，根据红色的深浅可测出酶活力高低，其反应式如下：

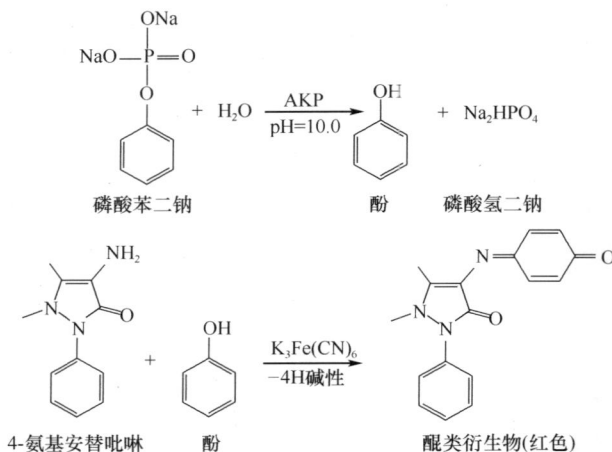

【器材与试剂】

器材：分光光度计、恒温水浴锅、试管、微量移液器等。

试剂

（1）底物液（10mmol/L 磷酸苯二钠）：称磷酸苯二钠（$C_6H_5Na_2PO_4 \cdot 2H_2O$）2.54g 或磷酸苯二钠（无结晶水）2.18g，用煮沸冷却蒸馏水溶解并稀释至 1000ml，加 4ml 氯仿防腐，棕色瓶 4℃保存，一周内使用。

（2）缓冲液（0.1mol/L 磷酸盐缓冲液，pH 10.0）：无水碳酸钠 6.36g 及磷酸氢钠 3.36g，溶于蒸馏水 800ml，再加蒸馏水定量至 1000ml。

（3）酶液：称纯制 AKP　5mg，用 pH 8.8 Tris 缓冲液配成 100ml，冰箱保存。

（4）碱液（0.5mol/L NaOH）：称 20g NaOH，溶于 800ml 蒸馏水中，再加蒸馏水定量至 1000ml。

（5）0.3% 4-氨基安替比林：称取 3g　4-氨基安替比林，用 1000ml 蒸馏水溶解，贮于棕色瓶中，冰箱保存。

（6）0.5%铁氰化钾：称 5g 铁氰化钾和 15g 硼酸，各溶于 400ml 蒸馏水，混匀后加蒸馏水定量至 1000ml，棕色瓶 4℃保存。

【实验步骤】

（1）取试管 9 支，将 10mmol/L 底物液按表 18-1 稀释成下列不同浓度。

表 18-1　不同浓度碱性磷酸酶底物液的配制

试剂	1	2	3	4	5	6	7	8	9
10mmol/L 底物溶液（ml）	0	1	1	1	1	1	1	2	3
蒸馏水（ml）	3	7	6	5	4	3	2	2	0

（2）另取试管 9 支，按表 18-2 操作。

表 18-2　不同浓度碱性磷酸酶底物反应液的配制

试剂	1	2	3	4	5	6	7	8	9
吸取相应上表稀释的底物（ml）	1	1	1	1	1	1	1	1	1
pH 碳酸钠缓冲液（ml）	0.9	0.9	0.9	0.9	0.9	0.9	0.9	0.9	0.9
				混匀后，37℃水浴 5min					
酶液	0.1	0.1	0.1	0.1	0.1	0.1	0.1	0.1	0.1
最终各管底物浓度	0	0.625	0.71	0.83	1.0	1.25	1.65	2.5	5
				立即混匀，继续 37℃水浴 15min					
0.5mol/L NaOH 溶液	1.0	1.0	1.0	1.0	1.0	1.0	1.0	1.0	1.0
0.3%　4-氨基安替比林	1.0	1.0	1.0	1.0	1.0	1.0	1.0	1.0	1.0
0.5% 铁氰化钠	2.0	2.0	2.0	2.0	2.0	2.0	2.0	2.0	2.0
				混匀，室温放置 10min					

（3）波长 510nm，1 号管调零，测定其他各管的吸光度 A。

（4）计算出各管的 $\dfrac{1}{[S]}$ 和 $\dfrac{1}{A}$

（5）以底物浓度[S]为横轴，各管光度（代表各管的反应速度 V）为纵轴作图，观察曲线形状。

（6）以底物浓度的倒数 1/[S]为横轴，各管光密度的倒数 1/A（代表各管的反应速度的倒数）为纵轴作图，观察曲线形状。

【K_m 测定的意义及应用】

（1）活性中心被底物占据一半时的底物浓度。当 $V=1/2V_{max}$ 时，$K_m=[S]$。

（2）K_m 是特征常数，一般只与酶的性质、底物种类及反应条件有关，与酶的浓度无关。

（3）K_m 可近似表示表示酶与底物的亲和力

$$K_m=（K_2+K_3）/K_1=K_s+K_3/K_1$$

当 K_1、$K_2 \gg K_3$ 时，K_m 近似等于 K_s，因此，$1/K_m$ 可近似表示酶与底物的亲和力大小

（4）K_m 与天然底物：K_m 最小或最高 V_m/K_m 比值的底物称之为该酶的最适底物或天然底物。

（5）已知 K_m，可根据[S]推算 V，或由 V 推算[S]。

（6）了解酶的 K_m 及[S]推知是否受[S]调节。

（7）用于鉴别原级同工酶、次级同工酶。

（8）测定不同抑制剂对某个酶的 K_m 值的影响判断抑制类型（非竞争性抑制剂米氏常数不变，最大反应速度减小；竞争性抑制剂米氏常数增大，最大反应速度不变。

【思考题】

（1）简述测定米氏常数的意义。

（2）简述影响米氏常数的因素。

第十九章 血清/尿淀粉酶测定

第一节 改良 Winslow 氏法

【实验目的】 了解 Winslow 氏法测定血清淀粉酶的原理、方法及临床意义。

【实验原理】 淀粉酶可使淀粉水解，经一系列的中间过程，最后生成葡萄糖。

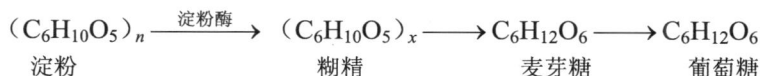

$$(C_6H_{10}O_5)_n \xrightarrow{\text{淀粉酶}} (C_6H_{10}O_5)_x \longrightarrow C_6H_{12}O_6 \longrightarrow C_6H_{12}O_6$$

$$\text{淀粉} \qquad\qquad \text{糊精} \qquad\qquad \text{麦芽糖} \qquad \text{葡萄糖}$$

粉遇碘呈现蓝色反应，淀粉水解以后生成的糊精随分子的大小不同而显不同的颜色，由蓝紫→紫红→红色。水解至麦芽糖和葡萄糖阶段，则不与碘起作用，加碘后不显色。

测定淀粉酶就是以碘为指示剂，将不同稀释度的血清与定量的淀粉溶液混合，经保温以后，加入碘液，以测定淀粉水解的程度，依次可求出淀粉酶活力。

【仪器与试剂】

仪器：试管、分光光度计、恒温水浴锅、微量移液器等。

试剂：

（1）0.9%氯化钠溶液。

（2）革兰碘液：碘 0.1g，碘化钾 0.2g 加水 30ml 即成。

（3）0.1%可溶性淀粉溶液（pH =7.0）：

磷酸氢二钠（Na$_2$HPO$_4$ · 12H$_2$O）	33.6g
苯甲酸（C$_6$H$_5$COOH）	4.3g

加蒸馏水 200ml，煮沸溶解。另称取可溶性淀粉 500mg 置 100ml 烧杯中，加少量冷蒸馏水，用玻璃棒搅匀后，徐徐倾入上述溶液中，继续煮沸 1min。冷却，倒入 500ml 容量瓶中，用蒸馏水定容。在室温下，此液可保存两个月，置冰箱可较长期保存。

（4）1/3000 淀粉溶液：取 0.1%可溶性淀粉溶液 1 份，加蒸馏水 2 份即成。此液存冰箱可保存 1～2 周。

【实验步骤】 取 10 支试管，按表 19-1 操作。

表 19-1 不同浓度血清淀粉酶反应液的配制

试管	1	2	3	4	5	6	7	8	9	对照
0.9%NaCl	0.5	0.5	0.5	0.5	0.5	0.5	0.5	0.5	0.5	0.5
血清	0.5	0.5	0.5	0.5	0.5	0.5	0.5	0.5	0.5	— 0.5（弃去）
1/3000 淀粉溶液	1.0	1.0	1.0	1.0	1.0	1.0	1.0	1.0	1.0	1.0
淀粉酶（U）	4	8	16	32	64	128	256	512	1024	—

摇匀，56℃水浴 5min，冷却，立即各加革兰碘液 1 滴，混匀，立即观察结果，记录不显蓝紫色之最大稀释度的血清管。

【参考范围】 8～64 单位（温氏）。

【注意事项】

（1）温度和时间应控制准确，时间久了，单位即会增加。

（2）氯离子为酶促反应的必要条件，故所用氯化钠浓度不得低于 0.8%。

（3）碘液中的碘易升华，故应密闭保存，如发现颜色变浅不可再用。各管加碘液的量应一致，且勿多加。

（4）血清及淀粉加入量应准确，稀释血清时切勿混入唾液。

（5）每次测定均需作对照，如对照管不显蓝色或仅显轻微的蓝色，表示淀粉溶液已变质，应重新配制，否则结果偏高。

第二节　碘-淀粉比色法

【实验目的】　了解碘-淀粉比色法测定血清淀粉酶的原理和方法及临床意义。

【实验原理】　血清中的淀粉酶催化淀粉分子中的 α-1,4 糖苷键水解，产生葡萄糖，麦芽糖及含有 α-1,6 糖苷键支链的糊精。在底物充分（已知浓度）的条件下，反应后加入碘液与未被水解的淀粉结合成蓝色复合物，其蓝色的深浅与未经酶促反应的空白管比较，从而推算出淀粉酶活力单位。

【仪器与试剂】

仪器：试管、分光光度计、恒温水浴锅、微量移液器等。

试剂：

（1）0.4g/L 缓冲淀粉溶液：称取 5g 氯化钠、22.6g 无水磷酸氢二钠（或 $Na_2HPO_4 \cdot 12H_2O$ 56.94 g）和无水磷酸二氢钾 12.5g 溶解于 500ml 蒸馏水中，煮沸，另取一小烧杯，精确称取 0.4g 可溶性淀粉，加入约 10ml 冷蒸馏水，使溶解成糊状后，徐徐加入上述沸腾之溶液中，冷至室温后，加入 37% 甲醛溶液 5ml，用蒸馏水稀释至 1L，该溶液 pH 7.0，置冰箱保存。

（2）0.1mol/L 碘贮存液：约 400ml 蒸馏水中溶解 1.7835g 碘酸钾（KIO_3）及 22.5g 碘化钾（KI），缓慢加入 4.5ml 浓盐酸，边加边搅拌，用蒸馏水稀释至 500ml，充分混匀，贮棕色瓶，置冰箱保存。

（3）0.01mol/L 碘应用液：取碘贮存液，用蒸馏水稀释 10 倍，贮棕色瓶，置冰箱可用 1 个月。

【实验操作】　血清先用生理盐水作 10 倍稀释（尿液 20 倍稀释），按表 19-2 操作。

表 19-2　淀粉酶各反应液的配制

加入物	测定管（U）	空白管（B）
缓冲淀粉液（ml）（37℃预热 5min）	1.0	1.0
稀释血清（ml）	0.2	—
混匀，置 37℃ 水浴中准 7.5min		
碘应用液（ml）	1.0	1.0
蒸馏水（ml）	6.0	6.2

混匀，波长 660nm，蒸馏水调零比色，读取各管吸光度。

【单位定义】 100ml 血清中的淀粉酶，在 37℃ 15min 水解 5mg 淀粉为 1 个单位（U）。

【计算】

$$淀粉酶(U) = \frac{A_B - A_U}{A_B} \times \frac{0.4}{5} \times \frac{15}{7.5} \times \frac{100}{0.02} \times \frac{A_B - A_U}{A_B} \times 800$$

【参考值】 血清 80～180U，尿液 100～1200U 。

【注意事项】

（1）草酸盐、枸橼酸眼、EDTA·Na₂ 及氟化钠对淀粉酶活性有抑制作用，但肝素无抑制作用。

（2）酶活性在 400U 以下时，与底物的水解量成线性。如测定管吸光度小于空白管吸光度一半时，应将血清加大稀释倍数，或减少稀释血清加入量，测定结果乘上稀释倍数。

（3）本法也使用于其他体液淀粉酶的测定。尿液先作 20 倍稀释后测定。

（4）唾液含高浓度淀粉酶，须防止带入。

（5）淀粉产品不同，其淀粉分子平均链长及直链淀粉与支链淀粉比例则有差异。碘原子与具有螺旋结构的由 α-1,4-糖苷键形成的较长糖链结合，形成蓝色复合物；中等长度的具有螺旋结构的糖链，与碘原子结合产生红色；糖链更短者无螺旋结构，不与碘原子结合。因而，不同产品配成的底物，按上述方法其空白管吸光度可有明显差异。根据经验，吸光度在 0.40 以上。

【临床意义】

1. **淀粉酶活性增高** 流行性腮腺炎，特别是急性胰腺炎时，血和尿中淀粉酶显著增高。急性胰腺炎发病后血清淀粉酶一般于发病 6～12 小时开始增高，12～72 小时达到峰值，3～5 天恢复正常。如超过 500U，即有诊断意义；在 350U 应怀疑此病。急性阑尾炎、肠梗阻、胰腺癌、胆石症、溃疡病穿孔、肾功能不全、酒精中毒等均可升高。但常低于 500U。

2. **淀粉酶活性减低** 多由于胰腺组织严重破坏，或肿瘤压迫时间过久，腺体组织纤维化导致胰腺分泌功能障碍所致。常见于慢性胰腺炎、胰腺癌。因血清中淀粉酶主要由肝脏产生，故淀粉酶减低也见于肝病。

【思考题】

（1）在实验中加入氯化钠的目的是什么？

（2）简述淀粉酶测定的临床意义。

第二十章 血 糖 测 定

第一节 邻甲苯胺法

【实验目的】

（1）掌握测定血糖的临床意义。

（2）熟悉测定血糖的方法及标准曲线的绘制。

（3）了解邻甲苯胺法测定血糖的原理。

【实验原理】 葡萄糖在热的醋酸溶液中与邻甲苯胺缩合生成葡萄糖邻甲苯胺，后者脱水生成席夫（Schiff）碱，在经结构重排，生成有色化合物。颜色的深浅与葡萄糖含量成正比。

【仪器与试剂】

仪器：试管、分光光度计、恒温水浴锅、微量移液器等。

试剂：

（1）邻甲苯胺试剂：称取硫脲 1.5g 溶于 750ml 冰醋酸中，加邻甲苯胺 150ml 及饱和硼酸 40ml，混匀后加冰醋酸至 1000ml 置棕色瓶中，冰箱保存。

（2）12mmol/L 苯甲酸溶液：于 900ml 蒸馏水中加入苯甲酸 1.4g，加热助溶，冷却后置于 1L 容量瓶中，加蒸馏水至刻度。

（3）葡萄糖标准储存液（100mmol/L）：称取无水葡萄糖（预先置 80℃烘箱干燥至恒重，移至干燥器内保存）1.802g，溶解于 80ml 苯甲酸溶液中，移至 100ml 容量瓶中，再加苯甲酸溶液至刻度。

（4）葡萄糖标准溶液（5.0mmol/L）：取葡萄糖标准储存液 5ml，置于 100ml 容量瓶中，加苯甲酸溶液至刻度。

【实验步骤】

1. 制作标准曲线 取 6 支试管编号后，按表 20-1 顺序加入试剂。

表 20-1 不同浓度葡萄糖标准液的配制

管号	标准葡萄糖液（ml）	蒸馏水（ml）	邻甲苯胺试剂（ml）
0	0.00	0.1	3.0
1	0.02	0.08	3.0
2	0.04	0.06	3.0
3	0.06	0.04	3.0
4	0.08	0.02	3.0
5	0.10	0.00	3.0

混匀，沸水浴 4min，放置 30min 冷却，波长 630nm，0 号管调零，测定其他各管的吸光值，绘制标准曲线。

2. 样品测定 取 3 支试管编号后，分别加入试剂，与标准曲线同时作比色测定（表 20-2）。

表 20-2　葡萄糖样品各反应液液的配制

管号	样品液（ml）	蒸馏水（ml）	邻甲苯胺试剂（ml）
对照	0.00	0.1	3.0
样品 1	0.10	0.00	3.0
样品 2	0.10	0.00	3.0

混匀，沸水浴 4min，室温放置 30min 冷却，波长 630nm，0 号管调零比色，读取其他各管的吸光值，从标准曲线中可查出样品中血糖含量。

【注意事项】

（1）邻苯甲胺法测定血糖具有操作简单，特异性较高的优点，试剂成本也较低，目前在教学实验或规模较小的基层医院用于测定血糖。

（2）该法一般在浓酸高温条件下发生反应，因此在做血糖测定时须多加注意。

第二节　葡萄糖氧化酶法

【实验目的】

（1）了解葡萄糖氧化酶法测定血糖的原理。

（2）学会运用葡萄糖氧化酶法测定血糖及绘制标准曲线。

（3）说出血糖正常值以及血糖异常的临床意义。

【实验原理】　葡萄糖氧化酶（glucose oxidase，GOD）能利用氧和水将葡萄糖氧化为葡萄糖酸，并产生过氧化氢。后者在过氧化物酶（peroxidase，POD）作用下，分解为水和氧的同时，使无色的 4-氨基安替比林和酚氧化缩合生成红色的醌类化合物，即 Trinder 反应。其颜色深浅在一定范围内与葡萄糖浓度成正比，测定其吸光度并与标准管比较，可计算出血糖的浓度。

【器材与试剂】

器材：试管、分光光度计、恒温水浴锅、沸水浴锅、微量移液器等

试剂：

（1）0.1mol/L 磷酸盐缓冲液（pH 7.0）：无水磷酸氢二钠 8.67g 及无水磷酸二氢钾 5.3g 溶解于 800ml 蒸馏水中，用 1mol/L 氢氧化钠（或 1mol/L 盐酸）调节 pH 至 7.0，然后用蒸馏水定至 1000ml。

（2）酶试剂：取葡萄糖氧化酶 1200U，过氧化物酶 1200U，4-氨基安替比林 10mg，叠氮钠 100 mg，溶于 80 ml 上述磷酸盐缓冲液中，用 1mol/L NaOH 调节 pH 至 7.0，加磷酸盐缓冲液定容至 100ml。置 4℃冰箱保存，至少可稳定 3 个月。

（3）酚试剂：酚 100 mg 溶于 100ml 蒸馏水中（酚在空气中易氧化成红色，可先配成 500g/L 的溶液，贮存于棕色瓶中，用时稀释）。

（4）酶酚混合试剂：酶试剂及酚试剂等量混合，4℃冰箱可以存放一个月。

（5）12mmol/L 苯甲酸溶液：取 1.4g 苯甲酸溶解于约 800ml 蒸馏水中，加热助溶，冷却后加蒸馏水定容至 1000ml。

（6）葡萄糖标准贮存液（100mmol/L）：称取无水葡萄糖（预先置 80℃烤箱内干燥恒重，移置干燥器内保存）1.802g，以 12mmol/L 苯甲酸溶液溶解并移入 100ml 容量瓶内，

再以 12mmol/L 苯甲酸溶液稀释至 100ml 刻度处，混匀，移入棕色瓶中，置冰箱内保存。

（7）葡萄糖标准应用液（5mmol/L）：吸取葡萄糖标准贮存液 5.0ml 于 100ml 容量瓶中，用 12mmol/L 苯甲酸溶液稀释至刻度，混匀。

【实验步骤】

1. 制作标准曲线　取 6 支试管编号后，按表 20-3 操作。

表 20-3　不同浓度标准葡萄糖反应液的配制

管号	标准葡萄糖液（ml）	蒸馏水（ml）	酶酚混合液（ml）
0	0.00	0.1	3.0
1	0.02	0.08	3.0
2	0.04	0.06	3.0
3	0.06	0.04	3.0
4	0.08	0.02	3.0
5	0.10	0.00	3.0

混匀，37℃水浴 15min，波长 505nm，0 号管调零比色，分别读取各管的吸光度值，绘制标准曲线。

2. 样品测定　取 3 支试管编号后，分别加入试剂，与标准曲线同时作比色测定（表 20-4）。

表 20-4　葡萄糖样品各反应液的配制

管号	样品液（ml）	蒸馏水（ml）	酶酚混合液（ml）
对照	0.00	0.1	3.0
样品 1	0.10	0.00	3.0
样品 2	0.10	0.00	3.0

混匀，37℃水浴 15min，波长 505nm，以空白管调零比色，分别读取其他两管的吸光度，从标准曲线中可查出样品中血糖含量。

【参考范围】　空腹血糖为 3.89～6.11 mmol/L。

【注意事项】

（1）GOD 高特异性催化 β-D-葡萄糖，而血清中葡萄糖 α 和 β 构型各占 36%和 64%，要使葡萄糖完全反应，必须使 α-葡萄糖变旋为 β 构型。（解决方法：在试剂中含有变旋酶加速变旋过程或延长孵育时间）

（2）过氧化物酶的特异性远低于 GOD，尿酸、维生素 C、胆红素、血红蛋白、四环素等可与 H_2O_2 竞争色原受体，从而抑制呈色反应，使血糖测定值偏低。

【临床意义】

（1）生理性血糖增高见于饱餐后和精神紧张状态时。

（2）病理性血糖增高主要见于：①糖尿病；②某些内分泌性疾病，如甲状腺功能亢进、肾上腺髓质肿瘤、胰岛 α-细胞瘤等；③颅内压升高，如颅内出血，颅外伤等；④由于脱水引起的高血糖，如呕吐、腹泻和高热等。

（3）生理性血糖降低多见于饥饿或剧烈运动，注射胰岛素或口服降血糖药过量。

（4）病理性血糖降低主要见于：①胰岛 β-细胞增生或肿瘤等，使胰岛素分泌过多；

②对抗胰岛素的激素不足，如垂体前叶功能减退、肾上腺皮质功能减退等；③严重肝病患者，肝脏不能有效地调节血糖。

第三节　尿糖的定性测定
（班氏试剂法）

【实验目的】

（1）掌握尿糖测定的方法及临床意义。

（2）了解尿糖测定的原理及操作。

【实验原理】　在热碱性溶液中，葡萄糖变为带醛基的链状结构，具还原性，能将蓝色硫酸铜还原为氧化亚铜而呈棕红色沉淀。

【器材与试剂】

器材：试管、试管架、酒精灯等。

试剂：

班氏试剂：称取结晶枸橼酸钠173g及无水碳酸钠100g，放入2000ml三角烧瓶中，加水约600ml，加热使其溶解。再称取硫酸铜17.3g放于另一200ml烧杯中，加水约100ml，加热溶解，然后将硫酸铜溶液慢慢倒入已冷却的上述溶液中，倒时不断搅拌，尔后将其移至1000毫升容量瓶中加蒸馏水至1000ml。如果混浊，可过滤使用。

【实验操作】

（1）取班氏试剂3ml于试管中，火焰上加热煮沸，如不变色，方可使用。

（2）加尿0.3ml混匀，再煮沸1～2min。

（3）自然冷却后观察结果。如为糖尿，则可出现绿至橘红色等有色沉淀；如果不含葡萄糖，则不变色。如果尿中含有少量尿酸盐，可出现混浊沉淀现象，但不变色。

【结果分析】

反应结果可按下列标准判定：

（-）经煮沸及冷却后，无绿色、黄色、红色沉淀物可见。

（+）煮沸时无变化，冷却后略见淡绿色沉淀物出现，这表示含有极微量的糖。

（++）煮沸约1min时，有黄绿色沉淀物出现，约含葡萄糖（0.5～1）g/100ml。

（+++）煮沸10～15s即出现黄色沉淀物，约含葡萄糖（1～2）g/100ml。

（++++）开始煮沸时，就出现橘红色沉淀物，约含葡萄糖2g/100ml。

【注意事项】

（1）尿液应新鲜，如放置后细菌生长。可分解糖而使结果偏低。

（2）尿内如含多量链霉素、维生素C或某些中药（大黄、黄芩、黄柏等）等可出现假阳性；尿内蛋白含量过高时可影响铜沉淀，应除去后再做。

【思考题】

（1）血糖的来源和去路有哪些？

（2）简述测定血糖在临床上的意义。

（3）血糖测定常用于哪些疾病的诊断？

第二十一章 血脂测定

第一节 总胆固醇测定

一、硫-铁显色法

【实验目的】

（1）了解硫-铁显色法测定胆固醇含量的原理及方法。

（2）掌握胆固醇含量测定的临床意义。

【实验原理】 用无水乙醇提取血清中的胆固醇，再与硫磷铁试剂作用，产生颜色反应，呈色度与胆固醇含量成正比，可测得血清中胆固醇含量。

血清经无水乙醇处理，蛋白质被沉淀，胆固醇及其酯溶解在无水乙醇。在乙醇提取液中，加磷硫铁试剂，胆固醇及其酯与试剂形成比较稳定的紫红色化合物，此物质在 560nm 波长处有特征吸收峰，可用比色法作胆固醇的定量测定。

【器材与试剂】

器材：试管、分光光度计、离心机、恒温水浴锅、微量移液器等。

试剂：

（1）三氯化铁贮存液：称取三氯化铁（$FeCl_3 \cdot 6H_2O$，A.R）0.1g 溶于冰醋酸，定容至 100ml。储于棕色瓶，冷藏。

（2）显色剂：取三氯化铁贮存液液与浓硫酸（A.R）按 1:1 的体积混合。

（3）5.17mmol/L 胆固醇标准贮存液：准确称取结晶胆固醇（MW：386.66）200mg，溶于异丙醇，定容至 100ml，放入冰箱内保存。

（4）胆固醇标准应用液：取胆固醇贮存液 4ml 加异丙醇 100ml。

（5）无水乙醇（A.R）。

【实验步骤】

（1）抽提：取 0.1ml 血清加入带塞试管内，吹入异丙醇 2.4ml 冲散血清，使蛋白质分散成细小的沉淀，试管加塞轴混匀内容物，60℃水浴 1~2min，然后手摇 2min，混匀，2000r/min 离心 5min，取上清抽提液用于测定。

（2）按表 21-1 操作。

表 21-1 硫铁显色法测定胆固醇中各反应液的配制

试剂（ml）	测定管	标准管	空白管
上清抽提液	1	—	—
胆固醇标准应用液	—	1	—
异丙醇	—	—	1
60℃水浴 15min（试管不离开水浴）			
显色剂	3	3	3

充分混匀后继续水浴 15min，室温冷却后，波长 540nm，空白管调零比色，读取各管吸光度。

【计算】

$$血清胆固醇（mmol/L）=（A_{测定管}/A_{标准管}）\times 5.17$$

$$换算：1（mg/dl）=\frac{1}{0.0259}（mmol/L）$$

【参考范围】

人血清胆固醇 3.10～5.70mmol/L（120～200mg/dl）。

兔血清胆固醇 0.78～2.07mmol/L（30～80mg/dl）。

【注意事项】

（1）颜色反应与加硫磷铁试剂混合时的产热程度有关，因此，所用试管口径及厚度要一致；加硫磷铁试剂时必须与乙醇分成两层，然后混合，不能边加边摇，否则显色不完全；硫磷铁试剂要加一管混合一管，混合手法，程度也要一致；混合时试管发热，注意勿使管内液体溅出，以免损伤衣服、皮肤、眼睛。

（2）本法显色稳定，灵敏度高，但显色反应的干扰因素较多。且胆固醇酯与游离胆固醇的显色程度比较接近，故可免去胆固醇酯的水解步骤，但不能省略抽提与吸附剂去除干扰物的过程。

（3）所用试管和比色杯均须干燥，浓硫酸必需优级纯，密封保存防止吸水。

（4）本法准确性高，回收率接近 100%，重复性好。

二、CE-COD-POD 酶法

【实验目的】

（1）了解酶法测定胆固醇含量的基本原理及实验方法。

（2）掌握胆固醇含量测定的临床意义。

【实验原理】 胆固醇酯经胆固醇酯酶（CE）水解生成游离胆固醇和脂肪酸，此游离胆固醇和血清中原有的游离胆固醇，经胆固醇氧化酶（COD）催化生成 4-胆甾-3-烯酮和过氧化氢（H_2O_2），过氧化氢的量与总游离胆固醇的量成正比。过氧化氢与 4-氨基安替比林和酚（4-AAP），再经过氧化物酶（POD）催化，生成红色醌亚胺，其颜色深浅与过氧化氢的量成正比。与同样方法处理的胆固醇标准液，用分光光度计，在 500nm 波长下进行比色，即可求得血清总胆固醇含量。

化学反应如下：

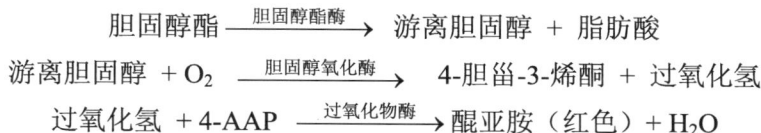

$$胆固醇酯 \xrightarrow{\text{胆固醇酯酶}} 游离胆固醇 + 脂肪酸$$

$$游离胆固醇 + O_2 \xrightarrow{\text{胆固醇氧化酶}} 4\text{-}胆甾\text{-}3\text{-}烯酮 + 过氧化氢$$

$$过氧化氢 + 4\text{-}AAP \xrightarrow{\text{过氧化物酶}} 醌亚胺（红色）+ H_2O$$

该法适于胆固醇浓度的范围在 13mmol/L（500mg/dl）以内。

【器材与试剂】

器材：试管、分光光度计、离心机、微量移液器、恒温水浴箱等。

试剂：

（1）酶试剂：组成因不同商品试剂盒而异，酶用量也因酶制品的质量而定。进口酶试剂将三种酶（胆固醇酯酶≥150U/L，胆固醇氧化酶≥100U/L，过氧化物酶≥5000U/L）0.4mmol/L 4-氨基安替比林和酚以 1 瓶干粉的形式供应。用前用 20ml 缓冲液复溶即为胆固醇反应试剂，该试剂 2～8℃下可稳定 30 天。

（2）0.1mmol/L pH 6.5 磷酸盐缓冲液：取磷酸二氢钾 0.68g，加 0.1mol/L 的氢氧化钠溶液 15.2ml，用水稀释至 100ml 即可。

（3）5.2mmol/L 胆固醇标准液：一般应使用与酶试剂配套的标准液。或称取纯胆固醇 200mg，溶于含 20% 吐温–20 的 100ml 生理盐水中，2～10℃保存。

【实验步骤】　取 3 只试管编号后，按表 21-2 加入各试剂。

表 21-2　酶法测定胆固醇中各种测定液的配制

试剂（ml）	空白管	标准管	测定管
血清	—	—	0.01
蒸馏水	0.01	—	—
胆固醇标准液	—	0.01	—
酶试剂	1.0	1.0	1.0

混匀，37℃水浴 10min，波长 500nm，空白管调零比色，读取各管的吸光度。

【计算】

$$血清胆固醇浓度（mmol/L）=\frac{A_{测}}{A_{标}}×5.2mmol/L$$

【注意事项】

（1）注意酶试剂的选择、使用和保存。所用酶试剂盒，以国内产品为多，应选择最佳厂家的产品为宜。变质试剂，切勿再用。

（2）注意胆固醇标准液的质量，批间有无差异。

（3）待测血清不能溶血，2～10℃下保存不能超过 7 天，冰冻保存不可超过半年。

（4）血清中的维生素和胆红素过高可使结果偏低，血红蛋白会使结果偏高。

【临床意义】

1. 影响 TC 水平的主要因素有

（1）年龄与性别：TC 水平常随年龄而上升，但到 70 岁后不再上升甚或有所下降，中青年期女性低于男性，女性绝经后 TC 水平较同年龄男性高。

（2）饮食习惯：长期高胆固醇、高饱和脂肪酸摄入可造成 TC 升高。

（3）遗传因素：与脂蛋白代谢相关酶或受体基因发生突变，是引起 TC 显著升高的主要原因。

（4）其他：如缺少运动、脑力劳动、精神紧张等可能是 TC 水平升高。

2. 高 TC 血症　是冠心病的重要危险因素之一，病理状态下高 TC 有原发性的和继发性的两类。原发性的如家族性高胆固醇血症、家族性 apoB 缺陷症，多源性高 TC、混合性高脂蛋白血症。继发的见于肾病综合征、甲状腺功能减退、糖尿病、妊娠等。

3. 低 TC 血症　也有原发性和继发性的，前者如家族性的无 β 或低 β 脂蛋白血症；后者如甲亢、营养不良、慢性消耗性疾病等。低 TC 者容易发生脑出血，也可能易患癌症（未证实）。

第二节　甘油三酯测定

一、异丙醇抽提、乙酰丙酮显色法

【实验目的】

（1）了解异丙醇抽提、乙酰丙酮显色法测定血清甘油三酯的原理及方法。

（2）掌握测定血清甘油三酯的临床意义。

【实验原理】 用异丙醇抽提血清中的甘油三酯，再以氧化铝吸附磷脂，经皂化后释放出的甘油用过碘酸钠氧化生成甲醛，甲醛与乙酰丙酮在有氨离子存在下生成黄色的 3,5-二乙酰-1，4-双氢二甲基吡啶。再与同样处理的标准管比色计算出含量。

【器材与试剂】

器材：试管、微量移液器、恒温水浴箱、分光光度计等。

试剂：

（1）异丙醇。

（2）氧化铝（中性、层析用）：用蒸馏水反复洗去不易下沉的细颗粒，置 100～110℃ 烘箱中过夜，贮存于干燥器内。

（3）50g/L KOH 溶液。

（4）氧化剂：取过碘酸钠 325mg，溶于蒸馏水 250ml 中，然后加入无水醋酸铵 38.5g，使其溶解。再加冰醋酸 30ml，加蒸馏水至 500ml，混匀，保存于棕色瓶中。

（5）显色剂：乙酰丙酮 0.75ml，异丙醇 20ml，用蒸馏水稀释至 100ml，贮存于棕色瓶中。

（6）甘油三酯标准液：

A. 贮存液（4mg/ml）：精确称取三油酸甘油酯 400mg，用异丙醇溶解并稀释至 100ml，混匀，冰箱保存。

B. 应用液（0.08mg/ml）：取贮存液 2ml，用异丙醇稀释至 100ml，混匀，冰箱保存。

【实验步骤】

（1）取血清 0.2ml 加入有塞磨口试管中，向管底部吹入异丙醇 4.8ml，冲散血清使蛋白沉淀很细，加塞混合后置 60℃水浴 2min。然后加入氧化铝 1g，加塞，快速振摇 2min。离心（3000r/min）5min，上清液即为抽提液。

（2）取 3 支试管，按表 21-3 操作。

表 21-3 化学法测定 TG 中各反应液的配制

试剂（ml）	空白管	标准管	测定管
抽提液	—	—	1.0
甘油三酯标准液	—	1.0	—
异丙醇	1.0	—	—
50g/L KOH 溶液	0.1	0.1	0.1
混匀后，60℃水浴 10min			
氧化剂	0.5	0.5	0.5
显色剂	0.25	0.25	0.25

（3）混匀，60℃水浴 20min，冷却，波长 420nm，空白管调零比色，读取其他两管的吸光度。

【计算】 甘油三酯（mg/ml）$=\dfrac{A_{测}}{A_{标}}\times 200$

二、GPO-PAP 酶法

【实验目的】

（1）了解酶法测定甘油三酯含量的基本原理及实验方法。

（2）掌握甘油三酯含量测定的意义。

【实验原理】　GPO-PAP 酶法测定是在脂蛋白脂肪酶（LPL）作用下，甘油三酯（TG）水解生成甘油和脂肪酸，甘油在甘油激酶（GK）作用下，生成 3-磷酸甘油，3-磷酸甘油在甘油磷酸氧化酶（GPOD）的作用下，生成磷酸二羟丙酮和 H_2O_2。测定 H_2O_2 的含量（在过氧化物酶（POD）作用下，H_2O_2 与 4-氨基比林（4-AAP）和 4-氯酚（三者合称 PAP）显色测定），计算甘油三酯的含量。

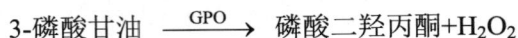

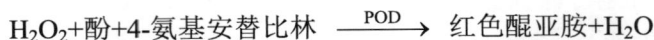

$$甘油三酯 \xrightarrow{LPL} 甘油 + 3\ 脂肪酸$$

$$甘油 + ATP \xrightarrow{GK} 3\text{-磷酸甘油} + ADP$$

$$3\text{-磷酸甘油} \xrightarrow{GPO} 磷酸二羟丙酮 + H_2O_2$$

$$H_2O_2 + 酚 + 4\text{-氨基安替比林} \xrightarrow{POD} 红色醌亚胺 + H_2O$$

一步终点法测定：此法的主要缺点是测定结果包括血清中的游离甘油（FG）。为了去除 FG 的干扰，有两种方法：①外空白法，即同时用不含 LPL 的酶试剂测定 FG 作为空白值，此法的缺点是需要作双份测定，试剂成本加倍，混浊的高 TG 标本会产生负干扰，优点是可以同时得出 FG 数据。②内空白法（两步法、双试剂法）即试剂分两步加入的预孵育法，将前述 GPO-PAP 试剂分成两部分，其中 LPL 和 4-AAP 组成试剂Ⅱ，其余部分组成试剂Ⅰ。血清加试剂Ⅰ，37℃孵育后，因无 LPL 存在，TG 不被水解，FG 在 GK 和 GPO 作用下反应生成 H_2O_2，但因反应体系中不含 4-AAP，不能完成显色反应，由此除去 FG 的干扰，再加入试剂Ⅱ，测出 TG 水解生成的甘油。此法不增加费用，手工操作多加一步试剂，并能输入绝大部分型号的自动生化分析仪。操作更简单，且精密度和准确度均较好。

【器材与试剂】

器材：试管、分光光度计、微量移液器、恒温水浴锅等。

试剂：

1. 一步法　单一试剂组成如下：

（1）Tris-HCl 缓冲液，pH 7.6 150mmol/L；

（2）LPL≥3000U/L；

（3）GK≥250U/L；

（4）ATP ≥0.5mmol/L；

（5）GPO≥3000U/L；

（6）POD≥1000U/L；

（7）胆酸钠 3.5mmol/L；

（8）$MgSO_4 \cdot 7H_2O$ 17.5mmol/L；

（9）4-AAP 1mmol/L；

（10）4-氯酚 3.5mmol/L；

（11）Triton X-100　0.1g/L。

除缓冲液外，其他为混合的干粉，也有配成液体的。

2. 两步法　双试剂组成如下：

（1）Tris-HCl 缓冲液（150mmol/L，pH 7.6）：每升中含 $MgSO_4$ 10mmol，胆酸钠 3.5mmol，ATP 1mmol，4 氯酚 2.5mmol，Triton X-100　0.1g；

（2）酶液Ⅰ：上述 Tris 缓冲液 50ml 中溶入 GK500U，GPO 3000U，POD 1000U；

（3）酶液Ⅱ：上述 Tris 缓冲液 50ml 中溶入 LPL 3000U，4-AAP 1mmol；

（4）试剂Ⅰ：酶液Ⅰ 5ml 与 Tris 缓冲液 45ml 混合；

（5）试剂Ⅱ：酶液Ⅱ 5ml 与 Tris 缓冲液 45ml 混合。

3. 标准液（2mmol/L 三油酸酯水溶液） 精确称取三油酸酯（纯品）177mg（可直接称入 100ml 容量瓶中），加 Triton X-100 5ml，摇动使成乳浊状，56℃水浴约 10min，澄清后加蒸馏水 90ml，冷却至室温，再加蒸馏水至刻度，混匀。以 2ml 安瓿分装，4℃保存至少稳定 2 年，切勿冰冻。

【实验步骤】

1. 一步法 表 21-4。

表 21-4 一步法测定 TG 中各反应液的配制

试剂	测定管	标准管	空白管
血清（μl）	30	—	—
标准液（μl）	—	30	—
蒸馏水（μl）	—	—	30
酶试剂（ml）	3.00	3.00	3.00

混匀，37℃水浴 10min，波长 500nm，空白管调零比色，读取其他各管的吸光度。

2. 两步法（表 21-5）。

表 21-5 两步法测定 TG 中个反应液的配制

试剂	测定管	标准管	空白管
血清（μl）	30	—	
标准液（μl）	—	30	—
蒸馏水（μl）	—	—	30
试剂Ⅰ（ml）	1.50	1.50	1.50
混匀，37℃水浴 5min			
试剂Ⅱ（ml）	1.50	1.50	1.50

混匀，37℃水浴 10min，波长 500nm，空白管调零比色，读取其他两管的吸光度。

【计算】 血清甘油三酯（mmol/L）$= \dfrac{A_{测}}{A_{标}} \times c_{标}$

【参考范围】 0.56～1.70 mmol/L。

【注意事项】

（1）配制好的酶试剂在 4℃可存放 4 天。

（2）标本应新鲜，血液放置时间长可使游离甘油浓度升高。

【临床意义】 高 TG 血症也有原发的与继发的两类，原发性的见于家族性高 TG 血症与家族性混合型高脂（蛋白）血症等。继发的见于糖尿病、糖原累积病、甲状腺功能不足、肾病综合征、妊娠、口服避孕药、酗酒等，但不易分辨原发或继发。高血压、脑血管病、冠心病、糖尿病、肥胖与高脂蛋白血症等往往有家族性集聚现象，其间可能有因果关系，但也可能仅仅是伴发现象；例如糖尿病患者胰岛素与糖代谢异常可继发 TG（或同时有 TC）升高，但也可能同时有糖尿病与高 TG 两种遗传因素。冠心病患者 TG 偏高的比一般人群中多见，但这种患者 LDL-C 偏高与 HDL-C 偏低也多见。一般认为单独有高 TG 不是冠心病的独立危险因素，只有伴以高 TC、高 LDL-C、低 HDL-C 等情况时才有病理意义。

通常将高脂蛋白血症分为 Ⅰ、Ⅱa、Ⅱb、Ⅲ、Ⅳ、Ⅴ等 6 型，除Ⅱa 型以外都有高 TG：①Ⅰ型是极为罕见的高 CM 血症，原因有二，一为家族性 LPL 缺乏症，一为遗传性的 apoCⅡ缺乏症。②最常见的是Ⅳ型，其次是Ⅱb 型，后者同时有 TC 与 TG 增高，即混合型高脂蛋白血症；Ⅳ型只有 TG 增高，反映 VLDL 增高，但是 VLDL 很高时也会有 TC 轻度升高，所以Ⅳ型与Ⅱb 型有时难于区分，主要根据 LDL-C 水平作出判断。家族性高 TG 血症属于Ⅳ型。③Ⅲ型又称为异常 β 脂蛋白血症，TC 与 TG 都高，其比例近于 1∶1（以 mg/dl 计），但无乳糜微粒血症。诊断还有赖于：脂蛋白电泳示宽 β 带；血清在密度 1.006g/ml 下超速离心后，其顶部（VLDL）作电泳分析证明有漂浮的 β 脂蛋白或电泳迁移在 β 位的 VLDL 存在，化学分析示VLDL-C/血清 TG＞0.3 或 VLDL-C/VLDL-TG＞0.35；apoE 分型多为 E2/E2 纯合子。④Ⅴ型为乳糜微粒和 VLDL 都增多，TG 有高达 10g/L 以上的，这种情况可以发生在原有的家族性高 TG 血症的基础上，继发因素有糖尿病、妊娠、肾病综合征、巨球蛋白血症等，易引发胰腺炎。

第三节　高密度脂蛋白测定
（磷钨酸-镁沉淀法）

【实验目的】
（1）掌握磷钨酸镁沉淀法测定 HDL-C 的原理级及方法。
（2）了解测定 HDL-C 对判断高脂血症、预防动脉粥样硬化和冠心病的意义。

【实验原理】 采用大分子多阴离子化合物（磷钨酸盐）与两价阳离子（镁离子）作学沉淀剂沉淀血清中的 LDL、VLDL 和 Lp（a）后，上清液中只含有 HDL，然后用酶法测定其中的胆固醇含量，即血清中胆固醇酯可被胆固醇酯酶水解为游离胆固醇和游离脂肪酸（FFA），胆固醇在胆固醇氧化酶的氧化作用下生成△4-胆甾烯酮和过氧化氢，过氧化氢在4-氨基安替比林和酚存在时，经过氧化物酶催化，反应生成苯醌亚胺的红色醌类化合物，其颜色深浅与标本中胆固醇含量成正比。

【器材与试剂】
器材：试管、微量移液器、恒温水浴锅、分光光度计等。
试剂：
（1）沉淀剂

磷钨酸	100 mmol/L
氯化镁	5 mmol/L

（2）酶试剂（试剂 R）

GOOD'S 缓冲液（pH 6.7）	50mmol/L
苯酚	5mmol/L
4-氨基安替比林	0.3mmol/L
胆固醇酯酶	＞200 U/L
胆固醇氧化酶	＞100 U/L

过氧化物酶 　　　　　　　　　　　　　>3 kU/L

（3）胆固醇标准液 [1.18（mmol/L）/70.00（mg/L）]

【实验步骤】

1. HDL-C 分离　　取血清和沉淀剂各 200μl，充分混匀，置室温放置 10min 后，3000 r/min，离心 15min，吸取上清液按下表操作。如果上清液混浊，则需再以转速 10 000 r/min，离心 15min。

2. HDL-C 测定　　表 21-6。

表 21-6　磷钨酸-镁沉淀法测定 HDL-C 中各反应液的配制

试剂（μl）	空白管	标准管	测定管
上清液	—	—	40
标准液	—	40	—
蒸馏水	40	—	—
酶试剂	2000	2000	2000

混匀，37℃水浴 10min，波长 500nm，空白管调零比色，测定各管的吸光度。

【计算】

$$HDL\text{-}C（mmol/L）=\frac{A_{测}}{A_{标}}\times c_{标}$$

【参考范围】　　血清 HDL-C：0.9～2.0mmol/L。

【注意事项】

（1）血清在室温条件下，各类型脂蛋白之间还会发生脂质交换，游离的胆固醇也会不断酯化，所以要及时测定，否则应该冰冻保存，但是只能冰冻一次，解冻后应立即测定。

（2）离心过程中应该防止温度升高使沉淀不完全，室温应为 15～25℃之间，且离心后立即吸取上清液进行测定，否则结果偏高。

（3）血清严重混浊时，可以将血清以生理盐水 1:1 稀释后再沉淀，测定值乘以稀释倍数即为实际值。

【临床意义】　　HDL 是一种抗动脉粥样硬化的脂蛋白，是冠心病的保护因素，冠心病的发病率与血清 HDL 水平呈负相关，HDL-C 低于 0.9mmol/L 是冠心病的危险因素，其增高被认为是冠心病的"负"危险因素。HDL-C 下降多见于脑血管病、糖尿病、肝炎、肝硬化等。高 TG（总胆固醇）血症常伴有低 HDL-C；肥胖者、吸烟者的 HDL-C 也常偏低，但饮酒和长期体力活动会使之升高。

第四节　血清载脂蛋白的测定

一、免疫"火箭"电泳法

【实验目的】

（1）了解免疫"火箭"电泳法测定血清载脂蛋白 A 和 B 的原理。

（2）熟悉血清脂蛋白测定的临床意义。

【实验原理】 血浆脂蛋白中的蛋白质部分称为载脂蛋白，主要分 A、B、C、D、E 五类，主要在肝（部分在小肠）合成，载脂蛋白是构成血浆脂蛋白的重要组分。载脂蛋白 A I（apoli poprotein A I，apoA I）是高密度脂蛋白（HDL）的主要结构蛋白。其含量基本可反应 HDL 的多少。血清/血浆样品 apoA I 减少提示心血管（冠心病），脑血管（脑血栓）疾病的危险性增加，常被作为心脑血管疾病的危险性评价的灵敏指标之一。

【器材与试剂】

器材：电泳槽、电泳仪、制胶槽、分光光度计、微量移液器、微波炉等。

试剂：

（1）0.1mol/L 巴比妥缓冲液：0.1mol/L Na_2N_3 加 0.1mol/L 巴比妥钠

（2）2%的琼脂糖凝胶：10g 琼脂糖，0.5g 氮化钠，溶于 500ml 蒸馏水中。

（3）氨基黑染色液：氨基黑（溶解于甲醇中，浓度为 0.1%）：醋酸：水为 5：1：5。

（4）载脂蛋白 A I、A II 和 B 抗血清，2ml 分装，载脂蛋白参考标准品。

【实验步骤】

（1）将 7.5ml 的琼脂糖凝胶和 7.5ml 巴比妥缓冲液及 0.225ml 抗血清，混合后的抗体浓度载脂蛋白 A I 和 A II 为 5%，载脂蛋白 B 为 2%，然后铺成 1.5mm 厚的凝胶玻璃板，在板的一侧打 1.5mm 直径的孔。

（2）标准曲线的稀释浓度 A I 为 1：49、1：59、1：69、1：79、1：89 和 1：99，A II 和 B 为 1：4、1：9、1：14、1：19。

（3）电泳：稀释样本 A I 为 1：100，A II 和 B 为 1：20，加 5μl 稀释标本为孔中，经电泳，一块板 10mA，220V，载脂蛋白 A I、A II 运行 4h，载脂蛋白 B 运行 18h。

清洗：电泳结束后，放在 5%NaCl 中清洗，载脂蛋白 A I、A II 放置 16h，载脂蛋白 B 放置 1h，用吹风器吹干。

（4）染色：氨基黑染色液染色 5 至 10min，再用脱色液脱色，直至背景清晰。

测定其峰值（从孔的中央到顶峰），画出标准曲线，未知样本从标准曲线上查出结果。

二、免疫比浊法

【实验目的】 了解免疫比浊法测定载脂蛋白的方法、原理和临床意义。

【实验原理】 本法血清中的载脂蛋白 A I 和载脂蛋白 B 分别与试剂中的特异性羊或兔抗人载脂蛋白 A I 或抗人载脂蛋白 B 抗体相结合，形成不溶性免疫复合物，使反应液产生浑浊，浊度高低反应血清样品中载脂蛋白 A I 和 B 的含量，后者可由校准血清所做剂量相应曲线算出。

【器材和试剂】

器材：分光光度计、微量移液器、恒温水浴锅、试管等。

试剂：抗血清、血清标准品、质控品。

【实验步骤】

（1）稀释标准曲线 A I 为 1：10、1：20、1：40、1：80，A II 和 B 为 1：5、1：10、1：20 和 1：40，稀释样本 A I 为 1：20，A II 和 B 为 1：10，。

（2）将 50μl 已稀释样本加入 1000μl 已稀释抗血清，25℃孵育 2.5h，摇匀，比色，未知样本结果从标准曲线上得出。

【**注意事项**】 检查前禁忌：禁止服用某些药物（如避孕药、甲状腺激素、甾体激素等）可影响血脂水平。

检查时要求：近期应无急性疾病、损伤或外科手术史。

【**临床意义**】 载脂蛋白 A I 的测定值反映了高密度脂蛋白的含量。载脂蛋白 A I 减低被认为是心脑血管病的危险因素。增高：见于酒精性肝炎、高 α 脂蛋白血症等。减低：见于冠心病、动脉硬化性疾病、未控制的糖尿病、肾病综合征、营养不良、活动性肝炎或急性肝炎、慢性肝炎、肝硬化、肝外胆道阻塞、人工透析等。 需要检查的人群：肝硬化，糖尿病，营养不良，心脑血管病患者。

【**思考题**】

（1）试述血脂测定的各种方法的优缺点。

（2）血脂的测定在临床上具有什么意义。

（3）胆固醇的来源和去路有哪些？

第二十二章　超速离心法分离血浆脂蛋白

【实验目的】
（1）掌握血浆脂蛋白的分类方法及种类。
（2）了解超速离心分离血浆脂蛋白的原理。

【实验原理】
不同的脂蛋白因含有的脂质和蛋白质种类和数量不同，因而密度也不一样。超速离心法分离血浆脂蛋白就是根据血浆中各种脂蛋白比重（密度）的差异，在高强度离心力作用下进行分离纯化的一种方法。将血浆放在不同浓度的密度介质中进行超速离心，在离心力的作用下，不同的脂蛋白会因其密度不同最终停留在相应密度的介质中。乳糜微粒（CM）含脂最多，密度最小，易上浮。其余脂蛋白按密度由小到大依次为极低密度脂蛋白（VLDL）、低密度脂蛋白（LDL）和高密度脂蛋白（HDL）。本实验中采用溴化钠（NaBr）为密度介质，利用各脂蛋白颗粒密度不同，经过序列超速离心可大量制备各血浆脂蛋白，并通过琼脂糖凝胶电泳合并油红 O 染色的方法对血浆脂蛋白的分离效果进行鉴定。

【器材与试剂】
器材：比重计、超速离心机、电子天平、微量移液器等。

试剂：

（1）1.019 g/ml、1.060 g/ml、1.125 g/ml、1.21 g/ml 密度液：用 NaBr 与蒸馏水配制成四种密度液，以比重计测定密度。

（2）其他试剂：溴化钠（NaBr）、苯甲基氟磺酰（PMSF）、乙二胺四乙酸二钠（EDTA-Na$_2$）、琼脂糖等。

【实验步骤】

1. 血浆制备　取 400 ml 全血，EDTA-Na$_2$ 抗凝，1000 r/min 离心 15 min，分离血浆。根据血浆体积，加入 0.015%苯甲基氟磺酰（PMSF），防止脂蛋白变性。

2. 分离获得 CM 和 VLDL　血浆中加入适量溴化钠，调节密度至 1.019 g/ml，置于离心管（38.5 ml/管）中，加盖，用 1.019 g/ml 密度液平衡，放入 60 Ti 转头，在 10℃下 30 000 r/min 离心 20 h。CM 和 VLDL 浮于离心管上层，用吸管小心吸取。

3. 分离获得 LDL　下层溶液中加入适量的溴化钠，调节密度至 1.060 g/ml，置于离心管中，加盖，用 1.060 g/ml 密度液平衡，放入 60 Ti 转头，在 10℃下 40 000 r/min 离心 24 h。LDL 浮于离心管上层，用吸管小心吸取。

4. 分离获得 Lp（a）和 HDL　下层溶液中加入适量的溴化钠，调节密度至 1.125 g/ml，置于离心管中，加盖，用 1.125 g/ml 密度液平衡，放入 60 Ti 转头，在 10℃下 45 000 r/min 离心 24 h。Lp（a）、HDL 和少量 LDL 浮于离心管上层，用吸管小心吸取。

5. 分离获得 HDL　下层溶液中加入适量的溴化钠，调节密度至 1.21 g/ml，置于离心管中，加盖，用 1.21 g/ml 密度液平衡，放入 60 Ti 转头，在 10℃下 50 000 r/min 离心 24 h。HDL 浮于离心管上层，用吸管小心吸取。下层含有总量的 50%的游离 apoAⅣ，可用于分离 apoAⅣ。

6. 血浆脂蛋白的鉴定　将分离得到的各组分脂蛋白通过 0.6%琼脂糖凝胶进行电泳分

离，再对其进行油红 O 染色，从而鉴定分离效果。

7. 分析观察　对琼脂糖凝胶电泳以及油红 O 染色后的结果进行分析，观察各条带之间是否存在交叉污染。

【注意事项】

（1）离心管要对称、同量、同液、满管放置，严禁半管或空管运转。

（2）运行前首先要平衡转头所需温度，制冷或保温。

（3）转头放置要规范、轻放，放好后轻转转头，有速度显示才可正式运转。

【思考题】

（1）血浆脂蛋白有哪些？各具有什么生理功能？

（2）分离血浆脂蛋白常用的方法有哪些？其原理是什么？

第二十三章 肝/尿中酮体的测定

第一节 肝中酮体的测定

【实验目的】

（1）通过酮体生成实验说明酮体生成只能在肝脏。

（2）了解酮体生成实验的方法及原理。

【实验原理】 利用丁酸作为底物，与肝匀浆保温后有酮体生成，酮体可与含亚硝基铁氢化钠的显色粉反应产生紫色化合物，而经同样处理的肌匀浆，则不产生酮体，因此与含亚硝基铁氢化钠的显色粉反应不产生紫色化合物。

【器材与试剂】

器材：试管、恒温水浴、沸水浴、冰浴等。

试剂：

（1）0.9% 氯化钠。

（2）洛克溶液：氯化钠 0.9g，氯化钾 0.042g，氯化钙 0.024g，碳酸氢钠 0.02g，葡萄糖 0.1g，将上述各试剂放入烧杯中，加蒸馏水 100ml，溶解后混匀，置冰箱中保存备用。

（3）0.1mol/L 磷酸盐缓冲液（PH7.6）：准确称取二水合磷酸氢二钠 7.74g 和一水合磷酸二氢钠 0.897g，用蒸馏水稀释至 500ml，精确测定 pH。

（4）0.5mol/L 丁酸溶液：取 44.0g 正丁酸溶于 0.1mol/L 氢氧化钠中，溶解后用 0.1mol/L 氢氧化钠稀释至 1000ml.

（5）15%三氯醋酸溶液。

（6）显色粉：亚硝基铁氢化钠 1g，无水碳酸钠 30g，硫酸铵 50g，混合后研碎。

【实验步骤】

（1）肝匀浆、肌匀浆的制备：大鼠断头放血处死，迅速剖腹，取出肝和肌组织，分别移入研钵中，加生理盐水（按重量：体积＝1：4）研磨得匀浆。

（2）取 4 支试管，按表 23-1 操作。

表 23-1 肝酮体测定中各反应液的配制

试管（滴）	1	2	3	4
洛克溶液	15	15	15	15
5mol/L 丁酸溶液	30	—	30	30
1mol/L 磷酸盐缓冲液	15	15	15	15
肝匀浆	20	20	—	—
肌匀浆	—	—	—	20
DH20	—	30	20	—

37℃水浴 20min，取出后，各管加 15%三氯醋酸溶液 20 滴，摇匀。3000r/min 离心 5min。分别取出上述各离心管 10 滴，放于白瓷反应板上，并加一小匙显色粉，观察颜色反应。

【注意事项】 肝匀浆的制备是实验成功与否的关键。不要将吸肝匀浆的滴管吸肌匀浆。

【思考题】

（1）通过实验，证明肝匀浆保温后有酮体生成，而经同样处理的肌匀浆，则不产生酮体，分析原因。

（2）什么是酮体？试简述其生成和氧化的过程及其生理意义?严重糖尿病时，为什么血液中酮体会升高？

第二节　尿中酮体的定性测定
（Lange 法）

【实验目的】

（1）掌握尿中酮体定性测定的原理。

（2）熟悉尿中酮体定性测定的测定方法。

（3）了解尿中酮体测定的意义。

【实验原理】　酮体中的丙酮或乙酰乙酸在碱性溶液中能和亚硝基铁氰化钠作用生成紫红色化合物，临床上往往利用这一原理来检测尿中是否有酮体。但 β-羟基酸不发生次反应。尿中肌酐可产生干扰，加入乙酸可消除其干扰作用。

【器材与试剂】

器材：试管、微量移液器、吸量管、胶头滴管等。

试剂：冰醋酸、浓氨水、5%亚硝基铁氰化钠。

【实验步骤】　取 2 支试管，按表 23-2 操作。

表 23-2　尿酮体测定中各反应液的配制

试剂	1	2
正常人尿液（ml）	2	—
糖尿病患者尿液（ml）	—	2
冰醋酸	4 滴	4 滴
亚硝基铁氰化钠	4 滴	4 滴
	混匀	
浓氨水	10 滴	10 滴

参照表 23-3 中酮体判断标准，观察两个试管中的反应变化并记录。

表 23-3　酮体半定量测定的判断标准

定性	反应情况	乙酰乙酸（mmol/L）	丙酮（mmol/L）
−	10min 后无紫色环	—	—
微量	10min 内出现淡紫色环	0.49	3.45 ～6.9
+	10min 内逐渐出现紫色环	0.98	17.24
++	较快出现紫色环	1.96～9.80	43.10～86.21
+++～++++	立即出现紫色环	9.80～29.41	137.93 ～689.65

【注意事项】

（1）试管中加浓氨水时，试管要倾斜，缓慢加入。

（2）冰醋酸和浓氨水均有腐蚀性，使用时必须小心。

【临床意义】

（1）酮体是脂肪酸在肝脏中的不完全氧化的中间产物，包括乙酰乙酸、β-羟丁酸和丙酮。酮体是肝脏向肝外组织输出的能源的一种形式，分子小，易溶于水，肝脏具有较强的合成酮体的酶系，但缺乏利用酮体的酶系。酮体的重要性是：由于血脑屏障的存在，除葡萄糖和酮体外的其他物质无法进入脑中为脑组织提供能量，饥饿时酮体可占脑能量来源的25%～75%。

（2）血中酮体含量很少，仅 0.03～0.05mmol/L，在实验中不能检出。但在饥饿、低糖饮食及糖尿病时，因三脂酰甘油动员增强，肝中酮体生成增多，超过肝外组织利用的能力时，可使血中酮体含量增高，称酮血症。超过肾重吸收能力时，尿中出现酮体，称酮血症。

糖尿病痛症酸中毒（DKA）是糖尿病的一种急性并发症，是血糖急剧升高引起胰岛素严重不足激发的酸中毒。多数患者在发生意识障碍前数天有多尿、烦渴多饮和乏力，随后出现食欲减退、恶心、呕吐、常伴有头痛、嗜睡、烦躁、呼吸深快，呼气中有烂苹果味。随着病情进一步发展，出现严重失水，尿量减少，嗜睡甚至昏迷。

【思考题】

（1）Lange 法测定尿中酮体的原理是什么？

（2）酮体的测定有什么意义？

第二十四章　血清转氨酶测定

第一节　血清丙氨酸氨基转移酶测定

【实验目的】

（1）掌握血清丙氨酸氨基转移酶活性测定的基本原理。

（2）了解血清丙氨酸氨基转移酶的测定方法及临床意义。

一、快速测定法

【实验原理】　丙氨酸氨基转移酶能够使机制中的丙氨酸的氨基与 α-酮戊二酸的酮基互换，生成谷氨酸和丙氨酸。丙氨酸遇酮体粉中的亚硝基铁氰化钠，在 NH_3 存在的碱性环境中生成蓝绿色化合物，颜色深浅与丙酮酸含量成正比。

【实验试剂】

1. 酮体粉

亚硝基铁氰化钠	0.5g（研成粉末）
硫酸铵	20g
无水碳酸钠	10g

2. 基质液（即底物）

丙氨酸	1.78g
α-酮戊二酸	30mg
1mol/L NaOH	0.6ml

pH 7.4 的磷酸盐缓冲液 100ml pH 需为 7.4，否则要用酸性或碱性磷酸盐进行调节，可加氯仿数滴以防腐，冰箱保存。如无任何浑浊或者生霉，则至少可用一年。

【实验步骤】　取试管一支，加入血清 0.1ml，基质 0.2ml，摇匀放入 50℃水浴中 15 分钟，去除马上冷却，加酮体粉约 0.2g，5 分钟观察结果，15min 内看完。

【结果判断】

液体颜色	粉末颜色	结果判断	相当于转氨酶（U）
无色	黄白或粉白	–	120（U）以下
黄绿	黄　白	±	120～180
黄绿或微绿	黄绿或绿白	+	180～250
绿色	深　绿	++	250～300
绿蓝	绿　蓝	+++	300～400
深蓝	深蓝或黑蓝	++++	400（U）以上

【注意事项】

（1）酮体粉及所用药匙必需完全干燥，若轻度受潮粉末变为微黄色，阳性颜色变弱，并易出可疑结果。若遇水滴，氨挥发，粉末呈污灰黄色则完全失效。

（2）观察颜色反应时，光线要充足，可将 3 至 5 份保温后的标本连续加于各匙酮粉中同时观察。由于颜色出现最明显的时间随呈色温度不同，因此判断结果必需根据该温度规定的观察时间内所出现最深的颜色，时间越长，酮体粉干燥阴阳性均变为污蓝，当可疑结果难以判断时，可用底液与阳性血清做一阳性对照。

（3）溶血之血清或血浆由于红色与黄绿相混使可疑或弱阳性金额过表现为污灰色，唯酮体粉边缘绿色较明显，需仔细观察。若为黄疸标本，结果难以判断，最好采用定量法。

（4）血清必需新鲜，若标本采取后不能及时测定，则应保存于冰箱。标本在室温保存数日后，易出现假阳性。

二、赖 氏 法

【实验原理】　丙氨酸氨基转移酶（ALT）催化丙氨酸与 α-酮戊二酸生成丙酮酸和谷氨酸。丙酮酸产量的多少，即反应酶活性的大小。

丙酮酸可与 2,4-二硝基苯肼在酸性溶液中反应形成相应的 2,4-二硝基苯腙，呈黄色，后者在碱性条件下呈红棕色。通过测定其在 520nm 波长处的光吸收来了解丙酮酸的生成量，借此测定血清 ALT 的活力，故该类方法又称比色测定法。该法虽然也有缺点，但操作简便，不需要特殊仪器和试剂，故在临床上被广泛应用。

该法的单位定义是：每 1ml 血清在 pH 7.4，37℃保温条件下与底物作用 30 分钟，每生成 2.5μg 丙酮酸为一个单位。

【器材和试剂】

器材：恒温水浴锅、分光光度计、吸量管、滴管、试管等。

试剂：

（1）0.1mol/L 磷酸二氢钾溶液：称取 KH_2PO_4 13.61g，溶解于蒸馏水中，加水至 1000ml，4℃保存。

（2）0.1mol/L 磷酸氢二钠溶液：称取 Na_2HPO_4 14.22g，溶解于蒸馏水中，并稀释至 1000ml，4℃保存。

（3）0.1mol/L 磷酸盐缓冲液（pH 7.4）：取 420ml 0.1mol/L 磷酸氢二钠溶液和 80ml 0.1mol/L 磷酸二氢钾溶液，混匀，即为 pH 7.4 的磷酸盐缓冲液。加氯仿数滴，4℃保存。

（4）基质缓冲液：精确称取 DL-丙氨酸 1.79g，α-酮戊二酸 29.2mg，先溶于 0.1mol/L 磷酸盐缓冲液约 50ml 中，用 1mol/L NaOH 调 pH 至 7.4，再加磷酸盐缓冲液至 100ml，4～6℃保存。每升底物缓冲液中可加入麝香草酚 0.9g 或加氯仿防腐，4℃保存。配成 200mmol/L 丙氨酸与 2.0mmol/L α-酮戊二酸基质缓冲液。

（5）1.0mmol/L 2，4-二硝基苯肼溶液：称取 2,4-二硝基苯肼（AR）19.8mg，溶于 1.0mol/L 盐酸 100ml，置棕色玻璃瓶中，室温中保存，若冰箱保存可稳定 2 个月。若有结晶析出，应重新配制。

（6）0.4mol/L NaOH 溶液：称取 NaOH 1.6g 溶解于蒸馏水中，并加蒸馏水至 100ml，置具塞塑料试剂瓶内，室温中可长期稳定。

（7）2.0mmol/L 丙酮酸标准液：准确称取丙酮酸钠（AR）22.0mg，置于 100ml 容量瓶中，加 0.05mol/L 硫酸至刻度。此液不稳定，应临用前配制。丙酮酸不稳定，开封后易变质（聚合），相互聚合为多聚丙酮酸，需干燥后使用。

（8）待测标本：病人血清或质控血清。

【操作步骤】

1. ALT 校正曲线绘制

（1）取 5 支试管，按表 24-1 操作。

表 24-1 不同浓度丙酮酸标准液的配制

加入物（ml）	1	2	3	4	5
0.1mol/L 磷酸盐缓冲液	0.1	0.1	0.1	0.1	0.1
2.0mmol/L 丙酮酸标准液	0	0.05	0.10	0.15	0.20
基质缓冲液	0.50	0.45	0.40	0.35	0.30
2，4-二硝基苯肼溶液	0.5	0.5	0.5	0.5	0.5
混匀，37℃水浴 20min					
0.4mol/L NaOH 溶液	5.0	5.0	5.0	5.0	5.0
相当于酶活性浓度（卡门单位）	0	28	57	97	150

混匀，室温放置 5min，波长 505nm，蒸馏水调零比色，读取各管吸光度，各管吸光度均减"1"号管吸光度为该标准管的吸光度值。

（2）以吸光度值为纵坐标，对应的酶卡门活性单位为横坐标，各标准管代表的活性单位与吸光度值作图，即成校正曲线。

2. 标本的测定

（1）在测定前取适量的底物溶液和待测血清，37℃水浴 5min 后使用；具体操作按 表 24-2。

表 24-2 赖饰法测定 ALT 中各反应液的配制

加入物（ml）	对照管	测定管
血清	0.1	0.1
基质缓冲液	—	0.5
混匀，37℃水浴 30min		
2，4-二硝基苯肼溶液	0.5	0.5
基质缓冲液	0.5	—
混匀，37℃水浴 20min		
0.4mol/L NaOH 溶液	5.0	5.0

（2）室温放置 5min，波长 505nm，蒸馏水调零比色，读取各管的吸光度。

【计算】 测定管吸光度减去样本对照管吸光度的差值为标本的吸光度。该值在校正曲线上查得 ALT 的卡门单位。

【参考范围】 5～25 卡门单位。

【注意事项】

（1）丙酮酸标准液的配制：丙酮酸不稳定，见空气易发生聚合反应，生成多聚丙酮酸，而失去其化学性质。在配制校正曲线时，不会出现显色反应。此时应将变性的丙酮酸放在干燥箱（40～55℃）2～3h，或干燥器中过夜后再使用。

（2）基质液中的 α-酮戊二酸和显色剂 2,4-二硝基苯肼均为呈色物质，称量必须很准确，每批试剂的空白管吸光度上下波动不应超过 0.015A，如超出此范围，应检查试剂及仪器等方面问题。

（3）血清中 ALT 在室温（25℃）可以保存 2d，在 4℃冰箱可保存 1w，在–25℃可保存 1 个月。一般血清标本中内源性酮酸含量很少，血清对照管吸光度接近于试剂空白管（以蒸馏水代替血清，其他和对照管同样操作）。所以，成批标本测定时，一般不需要每份标本都作自身血清对照管，以试剂空白管代替即可，但对超过正常值的血清标本应进行复查。严重脂血、黄疸及溶血血清可引起测定的吸光度增高；糖尿病酮症酸中毒病人血中因含有大量酮体，能和 2,4-二硝基苯肼作用呈色，也会引起测定管吸光度增加。因此，检测此类标本时，应作血清标本对照管。

（4）赖氏法考虑到底物浓度不足，酶作用产生的丙酮酸的量不能与酶活性成正比，故没有制定自身的单位定义，而是以实验数据套用速率法的卡门单位。赖氏法校正曲线所定的单位是用比色法的实验结果和卡门分光光度法实验结果作对比后求得的，以卡门单位报告结果。卡门法是早期的酶偶联速率测定法，卡门单位是分光光度单位。定义为血清 1ml，反应液总体积 3ml，反应温度 25℃，波长 340nm，比色杯光径 1.0cm，每 min 吸光度下降 0.001A 为一个卡门单位（相当于 0.48M）。赖氏法的测定温度原为 40℃，校正曲线只到 97 个卡门单位，后来改用 37℃测定将校正曲线延长至 150 卡门单位。赖氏比色法测定由于受底物 α-酮戊二酸浓度和 2,4-二硝基苯肼浓度的不足以及反应产物丙酮酸的反馈抑制等因素影响，校正曲线不能延长至 200 卡门单位。当血清标本酶活力超过 150 卡门单位时，应将血清用 0.145mol/L NaCl 溶液稀释后重测，其结果乘以稀释倍数。

（5）加入 2,4-二硝基苯肼溶液后，应充分混匀，使反应完全。加入 NaOH 溶液的方法和速度要一致，如液体混合不完全或 NaOH 溶液的加入速度不同均会导致吸光度读数的差异。呈色的深浅与 NaOH 的浓度也有关系，NaOH 浓度越大呈色越深。NaOH 溶液＜0.25mol/L 时，吸光度下降变陡，因此 NaOH 浓度要准确。

三、改良 Mohun 法

【实验原理】　以丙氨酸和 α-酮戊二酸为底物，在血清谷—丙转氨酶（SGPT）作用下，生成丙酮酸和谷氨酸。丙酮酸与 2,4-二硝基苯肼作用，生成丙酮酸二硝基苯腙，此化合物在碱性溶液中呈棕色，与已知浓度的丙酮酸标准液在同样条件下显色，用比色法测出丙酮酸的生成量，即可计算谷—丙转氨酶的活性。

按本法测定谷丙转氨酶活性单位的定义是：每 ml 血清在 pH 7.4，37℃保温条件下与底物作用 30 分钟，每生成 2.5μg 的丙酮酸为一个酶活性单位。正常人血清的谷丙转氨酶穆氏单位为 2～40 单位/ml。

【器材和试剂】

器材：恒温水浴锅、分光光度计、微量移液器、吸量管、滴管、试管等。

试剂：

（1）标准丙酮酸液（500μg/ml）：准确称取丙酮酸钠（AR）62.5mg，溶于 0.1mol/L H_2SO_4 100ml 中。此液需在临用前配制。0.1mol/L H_2SO_4：取浓 H_2SO_4 2.8ml 稀释至 1000ml。

（2）0.1M 磷酸盐缓冲液（pH 7.4）：K_2HPO_4 13.97g 和 KH_2PO_4 2.69g，加蒸馏水溶解后配成 1000ml。

（3）谷丙转氨酶底物液（pH 7.4）：α-酮戊二酸 29.2mg，DL-丙氨酸 1.79g，用 0.1

mmol/L 磷酸盐缓冲液（pH 7.4）50ml 溶解，然后用 1mol/L NaOH 调节至 pH 7.4，最后用 0.1 mmol/L 磷酸盐缓冲液稀释至 1000ml，贮存于冰箱内可保存一周。

（4）0.02% 2,4-二硝基苯肼：称取 2,4-二硝基苯肼 20mg 溶于 1mol/L HCl 中，加热溶解后，用 1mol/L HCl 稀释至 100ml。

（5）0.4mmol/L NaOH：取 NaOH 16g 加水稀释至 1000ml。

【操作步骤】

1. 标准曲线的绘制

（1）取 9 支试管，编号，按表 24-3 操作。

表 24-3　不同浓度丙酮酸标准液的配制

试剂（ml）	1	2	3	4	5	6	7	8	9
标准丙酮酸液（500μg / ml）	1.0	2.0	3.0	4.0	5.0	6.0	7.0	8.0	9.0
蒸馏水	9.0	8.0	7.0	6.0	5.0	4.0	3.0	2.0	1.0
丙酮酸的浓度（μg / ml）	50	100	150	200	250	300	350	400	450

（2）另取 11 支试管，编号，在 1～9 号管中依次加入上述："1"）所稀释的 1～9 号丙酮酸标准液 0.10ml，在 10 号管中加入未经稀释的标准丙酮酸液（500μg/ml）0.10ml。再按表 24-4 操作。

表 24-4　不同浓度丙酮酸反应液的配制

试剂（ml）	1	2	3	4	5	6	7	8	9	10	11
蒸馏水	—	—	—	—	—	—	—	—	—	—	0.1
ALT 底物液	0.5	0.5	0.5	0.5	0.5	0.5	0.5	0.5	0.5	0.5	0.5
2，4-二硝基苯肼	0.5	0.5	0.5	0.5	0.5	0.5	0.5	0.5	0.5	0.5	0.5
丙酮酸实际含量	5	10	15	20	25	30	35	40	45	50	0
	混匀，37℃水浴 20min										
NaOH	0.5	0.5	0.5	0.5	0.5	0.5	0.5	0.5	0.5	0.5	0.5

混匀，室温静置 10min，波长 520nm 比色，第 11 管为空白调零比色，读取各管的吸光度。然后，以各管中丙酮酸的含量（5～50μg）为横坐标，吸光度为纵坐标，绘制标准曲线。

2. 酶活性的测定

取 2 支试管，按表 24-5 操作。

表 24-5　改良 Mohun 法测定 ALT 中各反应液的配制

试剂（ml）	测定管	空白管
谷丙转氨酶底物液	0.5	—
	37℃水浴 5min	
血清	0.1	0.1
	混匀，37℃水浴准确保温 30min	
2，4-二硝基苯肼液	0.5	0.5
谷丙转氨酶底物液	—	0.5

混匀，37℃水浴 20min，取出加入 0.4mol/L NaOH 5.0ml，混匀，室温静置 10min，波长 520nm，对照管调零比色，读取测定管的吸光度，然后从标准曲线查出其相当的丙酮酸含量（μg）。

【计算】

$$ALT\ 酶活性单位\ /\ ml = \frac{标准曲线查知的μg数}{2.5} \times \frac{1}{0.1}$$

【临床意义】　ALT 在肝细胞中含量较多，且主要存在于肝细胞的可溶性部分。当肝脏受损时，此酶可释放入血，致血中该酶活性浓度增加，故测定 ALT 常作为判断肝脏受损指标。

（1）肝细胞损伤的灵敏指标　急性病毒性肝炎转氨酶阳性率为 80%～100%，肝炎恢复期，转氨酶转入正常，但如在 100U 左右波动或再度上升为慢性活动性肝炎；重症肝炎或亚急性肝坏死时，再度上升的转氨酶在症状恶化的同时，酶活性反而降低，是肝细胞坏死后增生不良，预后不佳。以上说明，监测转氨酶可以观察病情的发展，并作预后判断。

（2）慢性活动性肝炎或脂肪肝转氨酶轻度增高（100～200U），或属正常范围，且 AST＞ALT。肝硬化、肝癌时，ALT 有轻度或中度增高，提示可能并发肝细胞坏死，预后严重。其他原因引起的肝脏损害，如心功能不全时，肝淤血导致肝小叶中央带细胞的萎缩或坏死，可使 ALT、AST 明显升高；某些化学药物如异菸肼、氯丙嗪、苯巴比妥、四氯化碳、砷剂等可不同程度地损害肝细胞，引起 ALT 的升高。

（3）其他疾病或因素亦会引起 ALT 不同程度的增高，如骨骼肌损伤、多发性肌炎等。

第二节　血清 AST 测定
（赖氏法）

【实验目的】
（1）掌握血清 AST 测定的方法及临床意义。
（2）了解血清 AST 测定的原理及操作。

【实验原理】　AST 催化门冬氨酸与 α-酮戊二酸的氨基转换反应，生成草酰乙酸和谷氨酸。

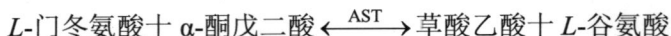

$$L\text{-门冬氨酸} + α\text{-酮戊二酸} \xleftrightarrow{\ AST\ } 草酸乙酸 + L\text{-谷氨酸}$$

经 60min 反应后，加入 2，4-二硝基苯肼终止反应，并与反应液中的二种 α-酮酸生成相应的 2，4-二硝基苯腙，在碱性条件下，两种苯腙的吸收光谱曲线有差别，在 500～520nm 处差异最大，草酸乙酸所生成的苯腙的显色强度显著大于 α-酮戊二酸苯腙，据此可用比色法测定 AST 活力。

【器材与试剂】
器材：分光光度计、水浴锅、微量移液器、吸量管、试管等。
试剂：
（1）AST 底物溶液（DL-门冬氨酸 200mmol/L. α-酮戊二酸 2mmol/L）：称取 α-酮戊二酸 29.2mg 和 DL-门冬氨酸 2.66g，置于一小烧杯中，加入 1mol/L 氢氧化钠溶液 1.5ml，溶解后加 0.1mol/L 磷酸盐缓冲液 80ml，用 1mol/L 氢氧化钠调至 pH 7.4，然后将溶液移入 100ml 容量瓶中，用磷酸盐缓冲浪稀释至刻度放置冰箱保存。

（2）0.1mol/L 磷酸盐缓冲液，pH 7.4：Na_2HPO_4 11.928g 和 KH_2PO_4 2.176g，加蒸馏水溶解后配成 1000ml。

（3）1mmol/L 2，4-二硝基苯肼溶液：精确称取 2，4-二硝基苯肼 19.8mmg，用 10mol/L 的盐酸溶解后，用蒸馏水定容至 100ml。贮存于棕色瓶中备用，可保存 3 个月。

（4）0.4mol/L 氢氧化钠溶液。

（5）2mmol/L 丙酮酸标准液：准确称取丙酮酸钠（AR）22.0mg，溶于 0.1mol/L pH 7.4 磷酸盐缓冲液溶解并定容至 100ml。

【实验步骤】　取 2 支试管，按表 24-6 操作。

表 24-6　赖氏法测定 AST 中各反应液的配制

试剂	测定管	对照管
血清（ml）	0.1	0.1
底物（ml）	0.5	—
混匀，37℃水浴 60min		
2，4-二硝基苯肼（ml）	0.5	0.5
底物（ml）	—	0.5

混匀，37℃水浴 20min，然后每管加入 0.4mol/L 氢氧化钠溶液 5ml，室温放置 5min，波长 505nm，蒸馏水调零比色，读取各管的吸光度，测定管吸光度减去样本对照管吸光度，从标准曲线套得 AST 活动单位。

【参考范围】　8～28 卡门单位

【临床意义】　增高：心肌梗死（发病后 6h 明显升高，48h 达高峰，3～5 天后恢复正常），各种肝病、心肌炎、胸膜炎、肾炎、肺炎等亦可轻度升高。

【注意事项】

（1）本法的缺点是标本 AST 活性高时草酰乙酸对 AST 现实反锁抑制，使测定结果偏低，酮血症中乙酰乙酸及 β-羟基丁酸，因没对照管不会引起测定结果假性偏高。

（2）若用 L-门冬氨酸称量为 1.33g。

（3）等血清酶活力超过 150 卡门单位时，应将血清用生理盐水稀释 5 倍或 10 倍后再进行测定。

（4）底物中的 α-酮戊二酸和 2，4-二硝基苯肼为显色物质，称量必须准确，每批试剂的空白管吸光度上下波动范围不应超过 0.015A（A 表示吸光度），如超出范围应检查试剂和仪器方面问题。

【思考题】

案例分析：

患者，男，46 岁。因反复发作性昏迷 2 个月，每次发病前均有进食高蛋白食物史。今发病 3 小时入院治疗，此次发病前因亲友家宴请，吃了很多烤鸭。肝功显示：血氨 155 μmol/L，ALT 160 U/L。

问题：

（1）分析该病的发病原因及机制。

（2）说出对该病的治疗原则。

第二十五章 血清尿素氮测定（二乙酰一肟法）

【实验目的】 了解用二乙酰一肟法测定血清尿素氮的原理和方法及临床意义。

【实验原理】 在酸性反应环境中加热，尿素与二乙酰缩合二嗪化合物。因为二乙酰不稳定，故通常反应系统中二乙酰一肟与强酸作用，产生二乙酰。然后二乙酰和尿素反应，缩合生成酒红色的二嗪衍生物。

【器材与试剂】

器材：分光光度计、恒温水浴锅、微量移液器、吸量管、试管等。

试剂：

（1）酸性试剂：约 100ml 蒸馏水中，加入浓硫酸 44ml 及 85%磷酸 66ml，冷至室温加入氨基硫脲 50mg 及硫酸镉（$CdSO_4 \cdot 8H_2O$）2g 溶解后用蒸馏水稀释至 1L，置棕色瓶中，冰箱保存，可稳定半年。

（2）二乙酰一肟溶液：称取二乙酰一肟 20g，加蒸馏水约 900ml 溶解后再用蒸馏水稀释至 1L。置棕色瓶中，冰箱保存，可稳定半年。

（3）尿素氮标准贮存液（357mmol/L）：称取干燥纯尿素 1.07020g 溶解于约 50ml 蒸馏水中，并稀释至 100ml 加 0.1g 叠氮钠防腐，置冰箱可稳定半年。

（4）尿素氮标准应用液（17.83mmol/L）：准确量取 5.0ml 尿素氮标准贮存液用无氨蒸馏水稀释至 100ml。

【实验操作】 取 3 支试管，按表 25-1 操作。

表 25-1 尿素氮测定各反应液的配制

试剂（ml）	测定管	标准管	空白管
血清	0.02	—	—
尿素氮标准应用液	—	0.02	—
蒸馏水	—	—	0.02
二乙酰一肟溶液	0.5	0.5	0.5
酸性试剂	5	5	5

混匀，沸水浴 12min，冷水冷却 5min，波长 540nm，空白管调零比色，读取各管吸光度。

【计算】

$$血清尿素氮（mmol/L）=\frac{A_{测}}{A_{标}}\times 17.85$$

$$换算：1（mg/dl）=1.4（mmol/L）$$

【参考范围】

血清尿素氮：3.57~14.28mmol/L。

【注意事项】

（1）本法线性范围达 40mg/dl 尿素氮，如遇高于此浓度的标本，必须生理盐水作适当稀释后重测，然后乘以稀释倍数报告之。

（2）20μl 微量管必须校正，使用时务必注意清洁干燥，加量务必准确。

（3）试剂中加入氨基硫脲和镉离子，增进呈色强度和色泽稳定性，但仍有轻度褪色现象（每小时小于 5%），加热显色冷却后，应及时比色。

（4）尿液尿素氮也可用此法进行测定，由于尿液中尿素含量高，标本需用蒸馏水作 1：50 稀释。如果显色后吸光度仍超过本法 的线性范围内，还需将稀释尿液再稀释重新测定。

（5）尿素氮的毫摩尔浓度是以 1 个毫摩尔氮原子量（N=14）为计量单位，尿素分子中含有两个氮原子，因此 1mmol/L 尿素氮=1/2mmol/L 尿素，若用 mmol/L 尿素表示浓度则本节中 mmol/L 计算式的系数及其参考值均要除以 2，世界卫生组织推荐用 mmol/L 尿素表示浓度，但国内仍习惯于尿素氮（mg/dl 或 mmol/L）表示。

【临床意义】　血液中非蛋白含氮化合物包括尿素、尿酸、肌酐、氨基酸、多肽、氨、胆红素等。其中尿素含量约占 1/3～1/2，尿素是蛋白质代谢的产物，通过肾脏排出。故测定血清尿素氮可作肾脏功能试验，并且其增高程度与病变程度的严重程度呈平行关系。

【思考题】
（1）什么是 BUN？血清尿素氮测定具有什么意义？
（2）本实验中测定尿素氮应注意哪些问题？

第二十六章 血清胆红素测定

第一节 改良 J-G 法

【实验目的】

（1）通过实验掌握血清胆红素测定的方法。

（2）提高分析问题和动手能力。

（3）进一步掌握血清胆红素测定的临床意义。

【实验原理】 血清中结合胆红素可直接与重氮试剂反应产生偶氮胆红素，所以称为直接胆红素，又称 1min 胆红素测定。非结合胆红素测定时要以加速剂咖啡因-苯甲酸钠-醋酸钠（咖啡因试剂）破坏胆红素分子内氢键再与重氮试剂反应，也产生偶氮胆红素。抗坏血酸破坏剩余重氮试剂。加入碱性酒石酸钠使紫色偶氮胆红素（吸收峰 530nm）转变成蓝色偶氮胆红素，在 600nm 波长比色，非胆红素的黄色色素及其他红色与棕色色素产生的吸光度降至可忽略不计，使灵敏度和特异性升高，最后形成的绿色是由兰色的碱性偶氮胆红素和咖啡因与对氨基苯磺酸之间形成的黄色色素混合而成。

【器材与试剂】

器材：分光光度计、微量移液器、吸量管、试管、恒温水浴箱等。

试剂：

（1）咖啡因－苯甲酸钠试剂：称取无水醋酸钠 41.0g，苯甲酸钠 38.0g，乙二胺四乙酸二钠（EDTA Na_2）0.5g，溶于约 500ml 去离子水中，再加入咖啡因 25.0g，搅拌使溶解（加入咖啡因后不能加热溶解），用去离子水补足至 1L，混匀。滤纸过滤，置棕色瓶，室温可保存 6 个月。

（2）碱性酒石酸钠溶液：称取氢氧化钠 75.0g，酒石酸钠（$Na_2C_4H_4O_6 \cdot 2H_2O$）263.0g，用去离子水溶解并补足至 1L，混匀。置塑料瓶中，室温可保存 6 个月。

（3）72.5mmol/L 亚硝酸钠溶液（0.50g/L）：称取亚硝酸钠 5.0g，用去离子水溶解并定容至 100ml（浓度为 725mmol/L），混匀，置棕色瓶，冰箱保存，稳定期不少于 3 个月。临用前作 10 倍稀释成 72.5mmol/L，冰箱保存，稳定期不少于 2 周。

（4）28.9mmol/L 对氨基苯磺酸溶液：称取对氨基苯磺酸（$NH_2C_6H_4SO_3H \cdot H_2O$）5.0g，溶于 800ml 去离子水中，加入浓盐酸 15ml，用去离子水补足至 1L。

（5）重氮试剂：临用前取上述亚硝酸钠溶液 0.5ml 和对氨基苯磺酸溶液 20ml，混匀即成。

（6）5.0g/L 叠氮钠（NaN_3）溶液：取叠氮钠 0.50g，用去离子水溶解并稀释至 100ml。

（7）42μmol/L 胆红素标准液：收集无溶血、无黄疸、无脂浊的新鲜血清，混合。取混合血清 1.0ml，加入新鲜生理盐水 24ml，混匀。在 414nm 波长，1cm 光径，以 0.154mmol/L NaCl 溶液（生理盐水）调零点，其吸光度应小于 0.100；在 460nm 的吸光度应小于 0.040。

准确称取符合要求的胆红素（MW584.68）20mg 置入，加入二甲亚砜 4ml 溶解。在 50ml 容量瓶中，加入混合血清稀释剂约 40ml，缓慢加入上述胆红素二甲亚砜溶液 2ml，边加边摇（勿用力摇动，以免产生气泡）。最后以稀释用血清定容。配制过程中应尽量避光，贮存容器用黑纸包裹，置 4℃冰箱 3d 内有效。

【实验步骤】 取试管 4 支，按表 26-1 操作。

表 26-1 改良 J-G 法测定胆红素各反应液的配制

试剂（ml）	总胆红素	结合胆红素	空白管	标准管
血清	0.2	0.2	0.2	—
胆红素标准液	—	—	—	0.2
咖啡因-苯甲酸钠试剂	1.6	—	1.6	1.6
对氨基苯磺酸溶液	—	—	—	—
重氮试剂	0.4	0.4	—	0.4

结合胆红素管在加入重氮试剂混匀后准确 1min，加入 5.0g/L 叠氮钠溶液 0.05 ml 和咖啡因-苯甲酸钠试剂 1.6 ml；总胆红素管置室温 10min。然后向各管加入碱性酒石酸钠溶液 1.2 ml，混匀，波长 600nm，空白管调零比色，读取各管的吸光度。

【计算】

$$胆红素（\mu mol / L）=\frac{A_{测}}{A_{标}}\times c_{标}$$

【参考范围】

血清总胆红素：5.1～17μmol/L。

血清结合胆红素：0～6.8μmol/L。

【注意事项】

（1）胆红素对光敏感，标准液及标本均应尽量避光保存。

（2）轻度溶血（血红蛋白≤克）对本法无影响，但严重溶血时可使测定结果偏低。其原因是血红蛋白与重氮试剂反应形成的产物可破坏偶氮胆红素，还可被亚硝酸氧化为高铁血红蛋白而干扰吸光度测定。高脂血及脂溶色素对测定有干扰，应尽量取空腹血。

（3）叠氮钠能破坏重氮试剂，终止偶氮反应。凡用叠氮钠作防腐剂的质控血清，可引起偶氮反应不完全，甚至不呈色。

（4）本法测定血清总胆红素，在 10～37℃ 条件下不受温度变化的影响。呈色在 2h 内非常稳定。

（5）标本对照管的吸光度一般很接近，若遇标本量很少时可不作标本对照管，参照其他标本对照管的吸光度。

（6）胆红素大于 342μmol/L 的标本可减少标本用量，或用 0.154mol/L NaCl 溶液稀释血清后重测。

（7）结合胆红素测定在临床上应用很广，但至今无候选参考方法，国内也无推荐方法。方法不同，反应时间不同，结果相差很大。时间短、非结合胆红素参与反应少，结合胆红素反应也不完全；时间长，结合胆红素反应较完全，但一部分非结合胆红素也参与反应。这是一个很难权衡的问题。在没有结合胆红素标准液的情况下，问题更复杂。

第二节 胆红素氧化酶法

【实验原理】 胆红素呈黄色，在 450nm 附近有最大吸收峰。胆红素氧化酶（BOD）

催化胆红素氧化，随着胆红素被氧化，A_{450nm}下降，下降程度与胆红素被氧化的量相关。在 pH 8.0 条件下，未结合胆红素及结合胆红素均被氧化，因而检测 450nm 吸光度的下降值可反映总胆红素含量；加入 SDS 及胆酸钠等阴离子表面活性剂可促进其氧化。

在 pH 3.7～4.5 缓冲液中，BOD 催化单葡萄糖醛酸胆红素、双葡萄糖醛酸胆红素及大部分 δ 胆红素氧化，非结合胆红素在此 pH 条件下不被氧化。用配制于人血清中的二牛磺酸胆红素（ditaurobilirubin，DTB）作标准品，检测此条件下 450nm 吸光度的下降值可反映结合胆红素的含量。

【实验试剂】

（1）0.1mol/L Tris-HCl 缓冲液（pH 8.2）：称取三羟甲基氨基甲烷（Tris）1.211g，胆酸钠 172.3mg，十二烷基硫酸钠（SDS）432.6mg，溶于去离子水 90ml 中，在室温（25～30℃）用 1mol/L 盐酸调至 pH 8.2（约用 6ml），再加蒸馏水至 100ml，置冰箱保存。此液含 4mmol/L 胆酸钠、15mmol/L SDS。

（2）0.2mol/L 磷酸盐缓冲液（pH 4.5）。

（3）BOD 溶液：如系冻干品，按说明书要求复溶，但复溶后冰箱保存不宜过长（约可保存 1 周），如系液体（可能含有甘油），置 4℃冰箱可保存较长时间，BOD 贮存溶液的酶活性一般在数千至 1 万～2 万 U/L，BOD 工作液酶活性可按反应液中 BOD 终浓度达 0.3～1.0U/ml 计算。

（4）总胆红素标准液（342μmol/L）：按胆红素测定 J-G 法中方法配制，或市售合乎要求的标准液。

（5）结合胆红素标准液：将 DTB 配于胆红素浓度可忽略不计的人血清中，或用冻干品按说明书要求重建。配制后分装于聚丙烯管内，−70℃保存，可稳定 6 个月。冻干品未重建前置低温中，至少稳定 1 年

【实验步骤】

（1）酶法测定总胆红素的操作步骤（表 26-2）。

表 26-2　酶法测定总胆红素反应液的配制

试剂	标准管（SB）	测定空白管（MB）	标准管（S）	测定管（M）
血清	—	0.05	—	0.05
总胆红素标准液	0.05	—	0.05	—
Tris 缓冲液（37℃）	1.0	1.0	1.0	1.0
去离子水	0.05	0.05	—	—
BOD 工作液	—	—	0.05	0.05

（2）酶法测定结合胆红素的操作步骤（表 26-3）。

表 26-3　酶法测定结合胆红素反应液的配制

试剂（ml）	标准空白管（SB）	测定空白管（MB）	标准管（B）	测定管（M）
血清	—	0.05	—	0.05
DTB 标准液	0.05	—	0.05	—
pH 4.5 磷酸盐缓冲液	1.0	1.0	1.0	1.0
去离子水	0.05	0.05	—	—
BOD 工作液	—	—	0.05	0.05

立即混匀，37℃水浴 5min，波长 450nm，去离子水调零比色，读取各管吸光度。

【计算】

$$血清总胆红素（\mu mol/L）= \frac{A_{MB} - A_M}{A_{SB} - A_S} \times c_{总胆红素}$$

$$血清结合胆红素（\mu mol/L）= \frac{A_{MB} - A_M}{A_{SB} - A_S} \times c_{结合胆红素}$$

【参考范围】

与重氮法相似：

总胆红素为 $10.26 \pm 4.10 \mu mol/L$（$n=97$），

结合胆红素为 $2.57 \pm 2.56 \mu mol/L$（$n=95$）。

【注意事项】

（1）BOD 浓度的选择：文献报道 BOD 在反应液中终浓度为 0.18～1.14mol/ml。国内有些厂家的试剂盒，BOD 在反应液中终浓度按标示值计算很高，但反应速度很慢。

（2）选择 BOD 浓度时，可根据所用制品在测定高胆红素血清标本或 $342\mu mol/L$ 标准液的反应速度，即能否在 5min 反应完全而确定。由于测定结合胆红素时反应液 pH 偏离 BOD 的最适范围，因此要求 BOD 有较高的浓度，一般使反应液中终浓度不低于 0.5mol/ml。

（3）Hb 在 1.0g/L 以下时，对结果影响不大。每升血清中分别加入维生素 C 0.1g、半胱氨酸 0.5g、谷胱苷肽 0.5g、尿素 0.5g、尿酸 0.5g、葡萄糖 10g、乙碘醋酸 1g、白蛋白 40g 对总胆红素及结合胆红素测定几乎无干扰。每升血清中加 L-多巴 0.15g、α-甲基多巴 0.15g 使结果偏低约 10%。

（4）BOD 的最适 pH：在 pH 7.3～9.0 之间酶活性的 pH 曲线变化幅度不大，但最适 pH 为 8.0～8.2。但在测定结合胆红素时，为防止未结合胆红素反应，选择 pH 为 4.5，这时样本中 mBc、dBc 及大部分 δ 胆红素被氧化；pH 低于 4.0 时，血清样本易发生混浊，严重干扰测定结果；常见缓冲液枸橼酸盐、磷酸盐、硼酸盐和碳酸盐缓冲液比较时，枸橼酸盐缓冲液（0.1mol/L，pH 5.0）效果最好。

【临床意义】

（1）血清总胆红素测定的意义

1）有无黄疸及黄疸程度的鉴别。

2）肝细胞损害程度和预后的判断：胆红素浓度明显升高反映有严重的肝细胞损害。但某些疾病如胆汁淤积型肝炎时，尽管肝细胞受累较轻，血清胆红素却可升高。

3）新生儿溶血症：血清胆红素有助于了解疾病严重程度。

4）再生障碍性贫血及数种继发性贫血（主要见于癌或慢性肾炎引起），血清总胆红素减少。

（2）血清结合胆红素测定的意义：结合胆红素与总胆红素的比值可用于鉴别黄疸类型。

1）比值＜20%：溶血性黄疸，阵发性血红蛋白尿，恶性贫血，红细胞增多症等。

2）比值 40～60%：肝细胞性黄疸。

3）比值＞60%：阻塞性黄疸。

但以上几类黄疸，尤其是 2）、3）类之间有重叠。

【思考题】

（1）实验结果如何，分析结果。

（2）通过实验，利用所学知识，说明血清总胆红素测定的意义。

（3）[案例分析]患者，39 岁，女性，饥饿时，常出现四肢发抖、心慌、出冷汗的症状，食后缓解。经查：血常规正常，血 ALT 20U/L，血清总蛋白（T）65g/L：其中清蛋白（A）30g/L，球蛋白（G）35g/L，A/G＜1。经保肝治疗两周后，症状彻底消失，查肝功能：ALT 20U/L，T 70g/L，A 50g/L，G 为 28g/L，A/G＞1.5。

请分析：

（1）用肝在糖代谢中的作用解释患者症状。

（2）请解释治疗后的血清蛋白变化。

（4）[案例分析]患者，男，75 岁，曾有慢性肝病史，因感冒咳嗽服药 6 天，突然出现全身性黄疸和下肢水肿。入院检查：血清 ALT 256U/L，CT 片可见肝细胞弥散性损伤。经 1 个月保肝和支持疗法，以上症状完全消失，血清 ALT 和 CT 检查都恢复正常。

请分析：用所学知识解释该患者发生黄疸的原因。

第二十七章　提取基因组 DNA（蛋白酶 K 消化法）

【实验目的】

（1）掌握蛋白酶 K 消化法提取基因组 DNA 的原理。

（2）了解小样本组织和细胞基因组 DNA 的提取方法。

【实验原理】

蛋白酶 K 是一种丝氨酸蛋白酶，作用于脂肪族和芳香族氨基酸的羧基端肽键，可用于消化各种蛋白质。细胞及组织样本在 50～55 ℃的条件下，经过蛋白酶 K 较长时间的消化后，细胞的结构被破坏，核膜溶解，释放出基因组 DNA；后经过苯酚/氯仿抽提、异丙醇沉淀后即可获得基因组 DNA。在此基础上，已经开发出专门用于提取基因组 DNA 的商业化试剂盒。通过这一方法获得的 DNA 不仅可用做 PCR 的模板，还可用于 Southern 印迹分析、文库构建等实验。

【材料、器材及试剂】

材料：

（1）贴壁细胞：用预冷的 PBS 缓冲液冲洗两次，加入 1.0 ml 裂解液 SNET（含 400μg/ml 蛋白酶 K）裂解细胞。

（2）悬浮细胞：离心后，用预冷的 PBS 缓冲液冲洗两次，200～1900 r/min 离心 5 min，弃上清，加入 1.0 ml 裂解液 SNET（含 400 μg/ml 蛋白酶 K）裂解细胞。

（3）组织：取 0.1 g 组织，剪碎后放于离心管内，加入 1.0 ml 裂解液 SNET（含 400 μg/ml 蛋白酶 K），充分裂解。

器材：恒温水浴箱、冷冻离心机、微量移液器、涡旋振荡器、剪刀、镊子、微量离心管、离心管架、电泳仪、水平电泳槽、电子天平、紫外透射仪、微量移液器、微波炉、烧瓶、凝胶槽、塑料垫板、制孔梳子等。

试剂：

（1）SNET 裂解液：20 mmol/L Tris-HCl（pH 8.0），5.0 mmol/L EDTA（pH 8.0），1.0% SDS，400 mmol/L NaCl。

（2）20 mg/ml 蛋白酶 K：将 200 mg 蛋白酶 K 加入到 9.5 ml 蒸馏水中，轻轻摇动，直至蛋白酶 K 完全溶解（不要涡旋混合）。加水定容到 10 ml，分装成小份于–20 ℃贮存。

（3）TE：10 mmol/L Tris-HCl，1.0 mmol/L EDTA（pH 8.0）。

（4）酚/氯仿/异戊醇：按 25∶24∶1 体积比混合。三个实验中各不相同。

（5）苯酚：用 0.5 mol/L Tris-HCl（pH 8.0）平衡。

（6）其他试剂：异丙醇、乙醇、蒸馏水、基因组 DNA 提取试剂盒等。

【实验步骤】

1. 基因组 DNA 的提取

方法 1：蛋白酶 K 消化法提取基因组 DNA

（1）将 20～50 mg 动物组织剪碎后（或细胞）放入微量离心管中，加入 500 μl 裂解液 SNET（含 400 μg/ml 蛋白酶 K），用大口径微量移液器吹打混匀。

（2）将离心管置于 55 ℃恒温摇床中，振荡过夜。

（3）在消化液中加入 500 μl 酚/氯仿/异戊醇，上下颠倒混匀，室温下 10 000 r/min 离心

15 min，然后将上层水相转移至新的微量离心管中。

（4）加入等体积异丙醇，上下颠倒混匀。4 ℃，13 000 r/min 离心 15 min，小心去除上清液。

（5）加入 75%乙醇 1.0 ml，13 000 r/min 离心 5 min，弃尽上清液。在室温下干燥约 10 min。

（6）加入 200 µl TE 使 DNA 完全溶解，即可获得基因组 DNA。

方法 2：试剂盒法提取基因组 DNA

（1）将 20～50 mg 动物组织剪碎后（或细胞）放入 1.5 ml 微量离心管中，加入 180 µl 组织裂解液，用大口径微量移液器吹打混匀。

（2）加入 20 µl 蛋白酶 K（20 mg/ml），涡旋振荡充分混匀。

（3）在 55 ℃水浴中孵育至组织完全裂解（1～3 h）。

（4）加入 200 µl 样品裂解液，涡旋混匀。70 ℃孵育 10 min。

（5）加入 200 µl 无水乙醇，涡旋振荡充分混匀。

（6）将上述混合物加入到 DNA 吸附柱内（吸附柱放入收集管中）。8000 r/min 离心 1min。弃去收集管内的液体，将吸附柱重新放回收集管中。

（7）加入 500 µl 漂洗液，12 000 r/min 离心 1 min，弃去收集管内的液体，将吸附柱重新放回收集管中。

（8）加入 700 µl 漂洗液，12 000 r/min 离心 1 min，弃去收集管内的液体，将吸附柱重新放回收集管中。

（9）将空柱于 13 000 r/min 离心 2 min，去除残留的乙醇。

（10）取出吸附柱，放入一个干净的离心管中，在吸附膜的中间部位加 100 µl 洗脱缓冲液，室温放置 3～5 min，12 000 r/min 离心 1 min。所得液体即为基因组 DNA。必要时可将得到的溶液重新加入离心吸附柱中，室温放置 2 min，12 000 r/min 离心 1 min，以获得较多量的 DNA。

2. 基因组 DNA 的鉴定

（1）DNA 浓度测定：吸取 DNA 样品 1.0 µl，加双蒸水 99 µl 稀释（1：100 稀释），混匀后转入石英比色杯中。以空白管（双蒸水）调零，在 260 nm 处读取吸光度值。

$$双链 DNA 样品浓度（µg/µl）=A_{260}×稀释倍数×50/1000$$

（2）DNA 纯度测定：将 DNA 样品稀释后，以空白管（双蒸水）调零，在 260 nm 和 280 nm 处读取吸光度值。计算 A_{260}/A_{280} 比值。DNA 纯品 A_{260}/A_{280} 比值为 1.8。

【注意事项】

（1）样品消化是否充分直接影响到基因组 DNA 的产量，鼠尾或组织样品在消化之前尽量剪碎，消化后看不到成形的组织块。

（2）整个提取过程中动作要尽量轻柔，避免基因组 DNA 的断裂。

（3）苯酚具有较强的腐蚀性，提取过程中注意密闭离心管，防止苯酚溢出，操作时应当戴手套。

【思考题】

（1）试述裂解缓冲液中 SDS 和 EDTA 的作用。

（2）如何通过琼脂糖凝胶电泳判断基因组 DNA 的质量。

第二十八章 提取人外周血基因组 DNA
（改良碘化钾法）

【实验目的】

（1）掌握碘化钾法提取外周血细胞基因组 DNA 的原理及操作方法。

（2）了解冷冻离心机、涡旋振荡器的使用。

【实验原理】 本方法首先通过低渗条件破坏全血中的红细胞；然后经过碘化钾的短时间作用，裂解白细胞，获得 DNA 的粗提物；随后通过酚/氯仿/异戊醇等蛋白变性剂分离去除蛋白质、脂质及残留的细胞碎片等；最后用异丙醇沉淀获得 DNA。

【器材与试剂】

器材：恒温水浴箱、冷冻离心机、微量移液器、涡旋振荡器、微量离心管、离心管架等。

试剂：

（1）15 g/L EDTA-Na$_2$：称取 1.5 g EDTA-Na$_2$ 溶于 80 ml 蒸馏水中，完全溶解后定容至 100 ml。

（2）5.0 mol/L KI 溶液：称取 83 g KI（A.R.）溶于 80 ml 蒸馏水中，完全溶解后定容至 100 ml。

（3）酚/氯仿/异戊醇混合液：按 25：24：1 体积比混合。

【实验步骤】

（1）取 EDTA-Na$_2$ 抗凝血 300～500 μl，置于 1.5 ml 微量离心管中，加入 1.0 ml 蒸馏水，10 000 r/min 离心 3 min，弃上清液。（可重复一次，充分裂解红细胞）

（2）在沉淀中加入 5.0 mol/L KI 溶液 70 μl，涡旋振荡混合 30s，随后加入 300 μl 0.9% NaCl 溶液，450 μl 酚/氯仿/异戊醇混合液，振荡混合 30s。10 000 r/min 离心 5 min，吸取水相，转移至新的微量离心管中。

（3）加入等体积的异丙醇，上下颠倒混匀，沉淀总 DNA，4 ℃，13 000 r/min 离心 15 min，小心去除上清液。

（4）加入 1.0 ml 75%乙醇，13 000 r/min 离心 5 min，弃尽上清液。室温下干燥约 10 min。

（5）加入 200 μl TE，轻柔振荡使 DNA 完全溶解。

（6）吸取 DNA 样品 1.0 μl，加双蒸水 99 μl 稀释（1：100 稀释），混匀后转入石英比色杯中。以空白管（双蒸水）调零，在 260 nm 和 280 nm 处读取吸光度值。

$$双链 DNA 样品浓度（μg/μl）= A_{260} \times 稀释倍数 \times 50/1000$$

DNA 纯品 A_{260}/A_{280} 比值为 1.8。

【注意事项】

（1）柠檬酸、EDTA、肝素三种抗凝剂均可使用。但肝素对酶反应可能有抑制作用，最好使用柠檬酸或 EDTA 处理血样。

（2）全血在 4 ℃保存较长时间会影响到总 DNA 的产量，如需长期保存应置于-80℃。

【思考题】

（1）本实验中提取基因组 DNA 的关键步骤是什么？

（2）如何防止基因组 DNA 的降解？

第二十九章　PCR 扩增血液胆固醇酯转运蛋白 D442G

【实验目的】

（1）掌握 PCR 的操作方法及原理。

（2）学会使用凝胶电泳仪及利用凝胶成像分析系统进行结果分析。

【实验原理】

聚合酶链式反应（PCR）是体外酶促合成特异 DNA 片段的一种方法，为最常用的分子生物学技术之一。典型的 PCR 由①高温变性模板；②引物与模板退火；③引物沿模板延伸三步反应组成一个循环，通过多次循环反应，使目的 DNA 得以迅速扩增。其主要步骤是：将待扩增的模板 DNA 置高温下（通常为 93～94℃）使其变性解成单链；人工合成的两个寡核苷酸引物在其合适的复性温度下分别与目的基因两侧的两条单链互补结合，两个引物在模板上结合的位置决定了扩增片段的长短；耐热的 DNA 聚合酶（Taq 酶）在 72℃将单核苷酸从引物的 3'端开始掺入，以目的基因为模板从 5'→3'方向延伸，合成 DNA 的新互补链。

【仪器与试剂】

仪器：PCR 扩增仪、紫外分光光度计、电泳仪、水平电泳槽、紫外透射仪及成像系统、冰箱、微量移液器等。

试剂：

（1）DNA 提取试剂盒，红细胞裂解液，RNA 酶，三种缓冲液（GA、GB、GD），漂洗液 PW，洗脱液 TE，蛋白酶 K。

（2）PCR 反应体系：模板、dNTP 底物、PCR 缓冲液、Taq DNA 聚合酶、ddH_2O、引物。

（3）限制性内切酶 Msp I 、DNA Marker。

（4）TBE 缓冲液、加样缓冲液、TE 缓冲液、电泳缓冲液、加样缓冲液、溴化乙锭、琼脂糖。

【实验步骤】

（1）提取 DNA：采用基因组 DNA 提取试剂盒抽提基因组 DNA。取 1μl 所提的 DNA 样品，采用紫外分光光度计对其进行定量检测，使 A_{260nm}/A_{280nm} 比值符合实验要求，并计算 DNA 浓度。

（2）PCR-RFLP 采用聚合酶链式反应-限制性片段长度多态性（PCR-RFLP）的方法确定 CETP-A442G 基因型。

1）PCR 引物

其中上游引物 5'- TCATGAACAGCAAAG-GCGTGAGCCTCTCCG -3'，

下游引物 5'- AGCCAAGCTGG-TAGAGGCCCCTCTGTCTGT -3' 。

2）配制 50μl PCR 反应体系

①PCR 反应体系为：10×PCR 缓冲液 5μl，Taq DNA 聚合酶 0.5μl，dNTP mix 2μl，上下游引物各 2μl，模板 2μl，ddH_2O 补足至 50μl。②PCR 反应条件：94℃预变性 2min；94℃

变性 45s，62℃退火 60s 以及 72 ℃延伸 45s，共 35 个循环；然后 72℃延伸 5 min，最后 4℃保存或继续下一步。

（3）PCR 产物回收后通过酶切、电泳鉴定其基因型。

PCR 产物 10μl，加 10U 限制性内切酶 Msp I，于 37℃水浴消化 4h。产物经 2%琼脂糖凝胶电泳后，采用 EB 染色，通过紫外透射仪观察并拍照或凝胶成像分析系统进行结果分析。

【注意事项】　PCR 引物设计的一般原则：

（1）长度：至少 16bp，通常是 18～30bp，更短的引物一般会降低扩增的特异性，但会提高扩增的有效性；

（2）引物的解链温度：两个引物之间的 T_m 值差异最好在 2～5℃；

（3）G+C 含量：尽量控制在 40%至 60%之间，4 种碱基的分布应尽量均匀。尽量避免嘌呤或嘧啶的连续排列，以及 T 在 3′末端的重复排列；

（4）引物的 3′末端最好是 G 或 C，但不要 GC 连排。

【思考题】

（1）什么是 PCR 技术？

（2）PCR 技术主要步骤是哪些？每一步的目的什么？

第三十章　DNA 的琼脂糖凝胶电泳

【实验目的】

（1）了解琼脂糖凝胶电泳的原理和使用范围。

（2）熟悉琼脂糖凝胶电泳的操作技术。

【实验原理】
琼脂糖凝胶电泳是用于分离、鉴定和提纯 DNA 片段的标准方法。琼脂糖是从琼脂中提取的一种多糖，具亲水性，但不带电荷，是一种很好的电泳支持物。它兼有"分子筛"和"电泳"的双重作用。DNA 在碱性条件下（pH 8.0 的缓冲液）带负电荷，在电场中通过凝胶介质向正极移动，不同 DNA 分子片段由于分子和构型不同，在电场中的泳动速率不同。溴化乙锭（EB）可嵌入 DNA 分子碱基对间形成荧光络合物，溴化乙锭 -DNA 复合物经紫外线照射激发产生荧光（溴化乙锭-DNA 复合物产生的荧光比自由溶液状态的溴化乙锭相比增强 20～25 倍），可分出不同的区带，达到分离、鉴定分子量，筛选重组子的目的。

【器材与试剂】
仪器：电泳仪、电泳槽、紫外透射反射仪、恒温水浴锅、微波炉、微量移液器、电泳凝胶板、电泳凝胶槽等。

试剂：

（1）50×TAE（Tris-乙酸及 EDTA）缓冲液的配制（1L）：

Tris（三羟甲基氨基甲烷）	242g
Na$_2$EDTA·H$_2$O	37.2g
去离子水	800ml

充分搅拌溶解

冰醋酸	57.1ml

去离子水定容至 1L，室温保存。用时稀释至 1 倍。

（2）加样缓冲液的配制：0.25%溴酚蓝，40%（m/V）蔗糖水溶液，4℃冰箱保存。

（3）溴化乙锭的配制：称取 0.1g 溴化乙锭，溶于 10ml 水，配成终浓度为 10mg/ml 的母液，4℃冰箱保存。染色时，吸取 12.5μl 的母液，加入 250ml 的水中，使其终浓度为 0.5μg/ml，混合均匀。

【实验步骤】
本实验用琼脂糖凝胶电泳分离 DNA，其主要内容包括制胶，加样，电泳，染色及拍照。

1. 安装凝胶制备装置　凝胶用的凝胶玻璃板、凝胶槽洗净，晾干，将玻璃板放置到凝胶床中，插上样品梳。注意观察梳子齿下缘应与胶槽底面保持 1mm 左右的间隙。

2. 琼脂糖凝胶的制备　由于 PCR 产物分子量较小，所以我们采用浓度比较高的 3%琼脂糖（一般按 0.3%～1.5%的琼脂糖含量，1～25kb 大小的 DNA 用 1%的凝胶，20～100kb 的 DNA 用 0.5%的凝胶，200～2000bp 的 DNA 用 1.5%的凝胶）凝胶电泳（含溴化乙锭）。称取 1.5g 琼脂糖粉末，放到锥形瓶中，加入 50ml 的 1×TAE 电泳缓冲液中，置微波炉或沸水浴中加热至完全溶化（不要加热至沸腾），取出稍摇匀，得胶液。

3. 灌胶　待溶胶冷却至 60℃左右时，在胶内加入适量的溴化乙锭（EB）至最终浓度为 0.5μg/ml 的 EB，摇匀，缓慢灌入水平胶框，自然冷却，小心拨出梳子；取出凝胶，使加样孔端置阴极端将凝胶放入电泳槽内，在槽内加入 1×TAE 的电泳缓冲液，使电泳缓冲液液面刚高出琼脂糖凝胶面。

4. 加样 将 DNA 样品与加样缓冲液按 4：1 混匀后，用微量移液器将混合液加到样品槽中，每槽加 10～20μl，记录样品的点样次序和加样量。

5. 电泳 安装好电极导线，点样孔一端接负极，另一端接正极，打开电源，调电压至 3～5V/cm，电压最高不超过 5V/cm，电泳 1～3h（当琼脂糖浓度低于 0.5%，为增加凝胶硬度，可在 4℃进行电泳。琼脂糖凝胶分离大分子核酸实验条件的研究结果表明，在低浓度、低电压下，分离效果较好），当溴酚蓝的带（蓝色）移到距凝胶前沿 1～2cm 时，停止电泳。

6. 染色和观察 在紫外投射仪的样品台上重新铺上一张保鲜膜，赶去气泡平铺，把已染色的凝胶放在上面，关上样品室门在 254nm 的紫外灯下观察，有橙红色荧光条带的位置，即为 DNA 条带。也可用拍照，或用凝胶成像系统输出照片，通过比较样品与一系列标准样品的荧光强度，可估算出待测样品的浓度。

【注意事项】

（1）溴化乙锭具有强烈的致癌作用，操作时应带手套，应避免污染实验高压台面。

（2）溴化乙锭在紫外光源上放置时间过长，荧光将会猝灭。

（3）紫外线对人体有损害，对眼睛尤甚，操作时应注意有效防护。

造成区带不正常的常见原因

（1）DNA 酶污染的仪器可能会降解 DNA，造成条带信号弱、模糊甚至缺失的现象。

（2）一般的核酸检测只需要琼脂糖凝胶电泳就可以；如果需要分辨率高电泳，特别是只有几个 bp 的差别应该选择聚丙烯酰胺凝胶电泳，用普通电泳不合适的巨大 DNA 链应该使用脉冲凝胶电泳。注意巨大的 DNA 链用普通电泳可能跑不出胶孔导致缺带。

（3）高浓度的胶可能使分子大小相近的 DNA 带不易分辨，造成条带缺失现象。

（4）常用的缓冲液有 TAE 和 TBE，而 TBE 比 TAE 有着更好的缓冲能力。电泳时使用新制的缓冲液可以明显提高电泳效果。注意电泳缓冲液多次使用后，离子强度降低，pH 上升，缓冲性能下降，可能使 DNA 电泳产生条带模糊和不规则的 DNA 带迁移的现象。

（5）电泳时电压不应该超过 20V/cm，电泳温度应该低于 30℃，对于巨大的 DNA 电泳，温度应该低于 15℃。注意如果电泳时电压和温度过高，可能导致出现条带模糊和不规则的 DNA 带迁移的现象。特别是电压太大可能导致小片段跑出胶而出现缺带现象

（6）样品中含盐量太高和含杂质蛋白均可以产生条带模糊和条带缺失的现象。乙醇沉淀可以去除多余的盐，用酚可以去除蛋白。变性的 DNA 样品可能导致条带模糊和缺失，也可能出现不规则的 DNA 条带迁移。在上样前不要对 DNA 样品加热，用 20mM NaCl 缓冲液稀释可以防止 DNA 变性。

（7）太多的 DNA 上样量可能导致 DNA 带型模糊，而太少的 DNA 上样量则导致带信号弱甚至缺失。

（8）Marker 应该选择在目标片段大小附近 ladder 较密的，这样对目标片段大小的估计才比较准确。需要注意的是 Marker 的电泳同样也要符合 DNA 电泳的操作标准。如果选择 λ DNA/*Hind*III 或者 λ DNA/*Eco*R I 的酶切 Marker，需要预先 65℃加热 5min，冰上冷却后使用。从而避免 *Hind*III 或 *Eco*R I 酶切造成的黏性接头导致的片段连接不规则或条带信号弱等现象。

（9）实验室常用的核酸染色剂是溴化乙锭（EB），染色效果好，操作方便，但是稳定性差，具有毒性。注意观察凝胶时应根据染料不同使用合适的光源和激发波长，如果激发波长不对，条带则不易观察，出现条带模糊的现象。

【思考题】

（1）琼脂糖凝胶电泳中，溴化乙锭的作用是什么？

（2）在使用溴化乙锭时应注意哪些问题？

（3）简述影响电泳效果的因素有哪些？

第三十一章　快速质粒抽提及酶切鉴定

【实验目的】

（1）掌握质粒的小量快速提取法。

（2）了解质粒酶切鉴定原理。

【实验原理】

质粒（plasmid）是一种染色体外的稳定遗传因子。大小在 1～200kb 之间，具有双链闭合环状结构的 DNA 分子。主要发现于细菌、放线菌和真菌细胞中。质粒具有自主复制和转录能力，能使子代细胞保持它们恒定的拷贝数，可表达它携带的遗传信息。它可独立游离在细胞质内，也可整合到细菌染色体中，离开宿主的细胞就不能存活，因其控制的许多生物学功能却赋予宿主细胞的某些表型。

所有分离质粒 DNA 的方法都包括 3 个基本步骤：培养细菌使质粒扩增；收集和裂解细菌；分离和纯化质粒 DNA。采用溶菌酶可破坏菌体细胞壁，十二烷基磺酸钠（sodium dodecyl sulfate，SDS）可使细胞壁裂解，经溶菌酶和阴离子去污剂（SDS）处理后，细菌 DNA 缠绕附着在细胞壁碎片上，离心时易被沉淀出来，而质粒 DNA 则留在上清液中。用酒精沉淀洗涤，可得到质粒 DNA。质粒 DNA 分子量一般在 10^6～10^7D 范围内。在细胞内，共价闭环 DNA（covalently closed circular DNA，简称 cccDNA）常以超螺旋形式存在。若两条链中有一条链发生一处或多处断裂，分子就能旋转而消除链的张力，这种松弛型的分子叫作开环 DNA（open circular DNA，简称 ocDNA）。在电泳时，同一质粒如以 cccDNA 形式存在，它比其开环和线状 DNA 的泳动速度都快，因此在本实验中，质粒 DNA 在电泳凝胶中呈现 3 条区带。限制性内切酶是一种工具酶，这类酶的特点是具有能够识别双链 DNA 分子上的特异核苷酸顺序的能力，能在这个特异性核苷酸序列内，切断 DNA 的双链，形成一定长度和顺序 DNA 片段。如：*Eco*R I 和 *Hind*III 的识别序列和切口是：

*Eco*R I：G↓AATTC

*Hind*III：A↓AGCTT

G、A 等核苷酸表示酶的识别序列，箭头表示酶切口。限制性内切酶对环状质粒 DNA 有多少切口，就能产生多少酶切片段，因此鉴定酶切后的片段在电泳凝胶的区带数，就可以推断酶切口的数目，从片段的迁移率可以大致判断酶切片段大小的差别。用已知分子量的线状 DNA 为对照，通过电泳迁移率的比较，就可以粗略推测分子形状相同的未知 DNA 的分子量。

【材料、器材和试剂】

材料：大肠杆菌 DH5α。

器材：微量加样器、高速离心机（20 000r/min）、电泳仪、水平电泳槽、样品槽模板等。

试剂：

（1）pH 8.0 G.E.T 缓冲液（50mmol/L 葡萄糖，10 mmol/L EDTA，25mmol/L Tris-HCl）；用前加溶菌酶 4mg/ml。

（2）pH 4.8 乙酸钾溶液（60ml 5mol/L KAc，11.5ml 冰乙酸，28.5ml H_2O）

（3）酚/氯仿（1：1，*V/V*）：酚需在 160℃重蒸，加入抗氧化剂 8-羟基喹啉，使其浓度为 0.1%，并用 Tris-HCl 缓冲液平衡两次。氯仿中加入异戊醇，氯仿/异戊醇（24∶1，V/V）。

（4）pH 8.0 TE 缓冲液：10mmol/L Tris，1mmol/L EDTA，其中含有 RNA 酶（RNase）20μg/ml。

（5）TBE 缓冲液：称取 Tris10.88g、硼酸 5.52g 和 EDTA 0.72g，用蒸馏水溶解后，定容至 200ml，用前稀释 10 倍。

（6）EB 染色液：称取 5g 溴化乙锭（ethidium bromide，EB），溶于蒸馏水中并定容到 10ml，避光保存。临用前，用电泳缓冲液稀释 1000 倍，使其最终浓度达到 0.5μg/ml。

【实验步骤】

1. 培养细菌　将带有质粒的大肠杆菌 DH5α 接种在 LB 琼脂培养基上，37℃培养 24～48h。

2. 从细菌中快速提取制备质粒 DNA

（1）用 3～5 根牙签挑取平板培养基上的菌落，放入 1.5ml 小离心管中，或取液体培养菌液 1.5 ml 置小离心管中，10 000r/min 离心 1min 去掉上清液。加入 150μl 的 G. E.T.缓冲液，充分混匀，在室温下静置 10min。

（2）加入 200μl 新配制的 0.2mol/L NaOH，1%SDS。加盖，颠倒 2～3 次使之混匀。冰上放置 5 min。

（3）加 150μl 冷却的乙酸钾溶液，加盖后颠倒数次混匀，冰上放置 15 min。10 000r/min 离心 5 min，上清液倒入另一离心管中。

（4）向上清液中加入等体积酚/氯仿，震荡混匀，10 000r/min 离心 2 min，将上清液转移至新的离心管中。

（5）向上清液中加入等体积无水乙醇，混匀，室温放置 2 min。离心 5 min，倒去上清乙醇溶液，将离心管倒扣在吸水纸上，吸干液体。

（6）加 1ml 70%乙醇，震荡并离心，倒去上清液，真空抽干，待用。

3. 质粒 DNA 的酶解　将自提质粒加入 20μl 的 TE 缓冲液，使 DNA 完全溶解。取清洁、干燥、灭菌的具塞离心管编号，用微量加样器按表 31-1 所示将各种试剂分别加入每个小离心管内。

表 31-1　DNA 酶切加样表

管号	1	2	3	4	5	6	7
标准样品 λDNA（μg）	—	—	—	1	—	—	—
标准样品 PBR322（μg）	—	—	0.5	—	0.5	—	—
提取样品质粒（μl）	10	10	—	—	—	10	10
内切酶 EcoR I（u）	—	4	—	4	4	4	—
EcoR I 缓冲液 10（μl）	2	2	2	2	2	2	2
*双蒸水	8	—	—	—	—	8	8

*补无菌双蒸水至 20μl，依实际情况做相应调整

加样后，小心混匀，37℃水浴酶解 2～3h，反应终止后，各酶切样品于冰箱中贮存备用。

4. DNA 琼脂糖凝胶电泳

（1）琼脂糖凝胶的制备：称取 0.6g 琼脂糖，置于三角瓶中，加入 1×TBE 的缓冲液 50 ml，微波炉加热煮沸直至全部融化后，取出摇匀，此为 1.2%的琼脂糖凝胶。

（2）胶板的制备：将样品槽水平放置于玻璃槽内，插好梳子。将冷却至 65℃左右的琼脂糖凝胶液，小心倒入凝胶液，使胶液缓慢展开，直到在整个玻璃板表面形成均匀的胶层，室温下静置 30 min，待凝固完全后备用。

（3）加样：小心拔出梳子，将凝胶放入电泳槽内，加入 1×TBE 的缓冲液至液面高于凝胶为止。用微量移液器将上述样品分别加入胶板的样品小槽内。

5. 电泳　盖好盖子，接通电源，开机。将电压调至 120V，当指示前沿移动至距离胶板 1～2cm 处，停止电泳。

6. 染色（也可将 EB 溶液直接加到凝胶中）　将电泳后的胶板在 EB 染色液中进行染色以观察在琼脂糖凝胶中的 DNA 条带。

7. 结果与观察　在波长为 254nm 的紫外灯下，观察染色后的电泳胶板。DNA 存在处显示出红色的荧光条带。

【思考题】

（1）染色体 DNA 与质粒 DNA 分离的主要依据是什么？

（2）EB 染料有哪些特点？在使用时应注意些什么？

参 考 文 献

查锡良，药立波. 2013. 生物化学与分子生物学. 8 版. 北京：人民卫生出版社

龚道元，张纪云. 2015. 临床检验基础. 4 版. 北京：人民卫生出版社

汤其群. 2015. 生物化学与分子生物学. 上海：复旦大学出版社

王琰. 2005. 生物化学和临床生物化学检验实验教程. 北京：清华大学出版社

须建，彭裕红. 2015. 临床检验仪器. 2 版. 北京：人民卫生出版社

姚文兵. 2014. 生物化学. 7 版. 北京：人民卫生出版社

张惠中. 2009. 临床生化化学. 北京：人民卫生出版社

张秀明. 2001. 现代临床生化检验学. 北京：人民军医出版社

张悦红，李林. 2015. 生物化学与分子生物学实验. 北京：人民卫生出版社